大是文化

Enquête sur **Elon Musk**,
l'homme qui défie la science

馬斯克，挑戰科學的男人

全自動駕駛、超迴路列車、腦機介面、殖民火星……
科學家眼中哪些「馬斯克現象」會成真？其結果是？

科普期刊《科學與未來》數位版主編、法國文化電臺《科學方法》專欄作家
奧利維耶・拉斯卡（Olivier Lascar）——著　**黃明玲**——譯

目錄

推薦序　科學家、發明家、工程師……他是改變世界的「夢想家」／曲建仲　5
前言　如果不是不可能，那就是可能　9

第1章　巨型星座，馬斯克專屬　27
01 新太空，私人企業也能航向宇宙　28
02 星艦，靈感來源是科幻小說　50
03 想在火星生活？可能比疫情封城更痛苦　63
04 有人可以出來指揮一下太空的交通嗎？　106

第2章

「是哪條物理定律阻止我這樣做？」 143

01 這個全電動汽車品牌，馬斯克非「生父」 144
02 白色淘金熱——回收和組裝都有賺頭 154
03 完全自動駕駛，尚未準備好在正常道路上使用 172
04 第五種交通方式，超迴路列車 201

第3章

腦機介面——與人工智慧共生 213

01 人工智慧，打不贏就加入它 214
02 憂慮、失眠、焦慮，都是神經系統出問題 227
03 想像一下：美國總統伊隆・馬斯克 246

第4章

用比特幣買特斯拉，你是認真的嗎？ 265
01 像個股市大師一樣呼風喚雨 266
02 #FuckMusk，請停止崇拜他 276
致謝

推薦序

科學家、發明家、工程師……他是改變世界的「夢想家」

曲博科技教室 YouTube 頻道創辦人、臺大電機博士／曲建仲

近年來科技突飛猛進，馬斯克絕對是引領改革的前端風向者。他的膽識跟嘗試，造就許多不同領域的突破——特斯拉（Tesla）成為全球第一款熱賣的電動車；Neuralink 讓神經科學有重大創新；SpaceX 徹底改變航太工業；Starlink 計畫改善全球網路通訊……。

沒有人會否認馬斯克對於科技產業的貢獻，但是在他的創業生涯中，也有許多爭議。「特斯拉如果只靠純視覺，沒辦法做到 Level 5（見第一八〇頁）全自動駕

駛！」記得當時我在「曲博科技教室」YouTube 頻道上很肯定的跟大家預告。從二○一六年開始，馬斯克就不只一次強調特斯拉不需要光達，也不需要雷達，只需要影像感測器，靠純視覺就能做到 Level 5 等級的全自動駕駛，結果二○二二年特斯拉就宣布將在未來車款上重新使用雷達系統。

當初跟大家預告時，很多馬斯克粉絲在影片下方跟我爭論，表示特斯拉有三個眼睛（影像感測器）跟人工智慧晶片，而人只有兩個眼睛跟大腦，為什麼特斯拉不能全自動駕駛？

我說當然不能，由於以前在外商公司正是專門做視覺數位訊號處理相關產品，所以我非常清楚其中的限制跟盲點，也因此特別拍一部影片深入介紹全自駕的條件，並一一釐清網友的問題。

我更擔心的是，馬斯克為了炒作話題、說服投資人，把「輔助駕駛」（driving assistant）命名為「自動駕駛」（autopilot），甚至創造了「完全自動駕駛」（FSD：Full Self Driving）的新名詞。

然而，他回頭卻對監管單位加州車輛管理局說，我們只是「Level 2」的「輔助駕駛」，卻沒想過，或是有想過但是不在意，一般消費者未必熟悉新科技的限制，看到「自動駕駛」這種字眼，以為它真的會自己開車。

這樣的錯誤認知，可能讓消費者受到生命威脅。

此外，「金融科技」（FinTech）讓很多人誤以為是金融業者利用科技提供創新服務，事實上是科技業者想要提供金融服務，搶食傳統金融市場。而其中有一群聰明的人就利用這個機會魚目混珠，創造一堆專有名詞唬弄大家，美其名說是「金融創新」，但實質就是「炒作圈錢」。

沒錯，那就是「加密貨幣」！

馬斯克除了個人購買比特幣，特斯拉和 SpaceX 也持有大量比特幣，他只需要在網路上發一篇貼文，加密貨幣的價格就可能暴漲暴跌。除了像作者所說，對馬斯克來講其實就是「好玩」；若還一邊抬轎加密貨幣，一邊宣傳比特幣發展對綠能產業有加速作用等似是而非的言論，這樣對社會環境不太好。我只想說，企業家應該還是要負起企業的社會責任吧！

當馬斯克用夢想和探索作為媒介，去塑造形象及世界藍圖時；當馬斯克讓地球跟火星距離又靠近了一點時；當馬斯克的粉絲跟媒體稱讚他是「超級天才」時，我們或許可以好好思考，馬斯克有哪些技術是真正的創新？哪個部分是誇大唬人？哪些問題是被忽略的？

歷史上有許多偉大的科學家、發明家、工程師，馬斯克則融合了三個身分，他的確是近代歷史上少有的「夢想家」，他過去所做的一切確實正在改變世界，而這些正是本書想要告訴你的事！

前言

如果不是不可能，那就是可能

二〇一〇年，在電影《鋼鐵人2》（*Iron Man 2*）的一個場景中，主角東尼·史塔克（Tony Stark）在一家超時尚的摩納哥餐廳裡，對著眾人誇耀自己的行頭。他是身穿機器人盔甲的正義使者。

在五星級酒店內，這位花花公子、億萬富翁兼發明家，吸引了所有人的目光。他輕鬆自在的走在酒店裡，臉上的小鬍子抽動著，似乎沒有任何事物能阻止這個半人半神。突然，一個娃娃臉的大個兒從鄰桌站起來：兩人互相致意。戲裡的鋼鐵人史塔克遇到了現實中的鋼鐵人：「伊隆·馬斯克！」

沒錯，這的確是馬斯克。如假包換的馬斯克，在美國演員、導演強·法夫洛（Jon Favreau）的電影中客串演出。在充滿香檳和華服閃耀的氣氛裡，對這位出生於南非、二〇〇二年入籍美國，登上全球所有科技和商業雜誌封面的企業家來說，可說是一種媒體認可。

不管在哪裡，大家都讚揚著這位企業家的膽識，他的 SpaceX 徹底改變了航太工業，特斯拉全面革新汽車產業；不過他的半自動駕駛汽車，比起鋼鐵人的盔甲還稍微差了些。儘管如此，馬斯克骨子裡是個理工宅男，**他也大方承認在審視自己的工業帝國時，腦海中浮現的是漫威（Marvel）人物**。而現在透過電影中由小勞勃・道尼（Robert Downey Jr.）飾演的角色，他終於與漫威人物相遇。

十多年後，這場歡樂派對蒙上了一層陰影。雖然馬斯克仍是媒體、電影製作人的焦點，但情況逐漸變了調。他的工業、技術和金融狀況開始令人擔憂。

二〇二一年十二月，網飛（Netflix）推出亞當・麥凱（Adam McKay）編導的《千萬別抬頭》（*Don't Look Up*），暗諷人們面對氣候變遷問題的鴕鳥心態；戲中談論的不僅是氣候，而是一顆正衝向地球的彗星。

電影中的兩位天文學家（由李奧納多・狄卡皮歐〔Leonardo DiCaprio〕、珍妮佛・勞倫斯〔Jennifer Lawrence〕飾演）向大家預先發布消息，他們大聲疾呼並提出警告。但沒人當一回事。

新聞媒體和政治人物漠不關心——直到從天而降的威脅擺在眼前。彗星終於進入地球的可視範圍，美國太空總署（NASA）於是執行摧毀任務。人類原本可以得救的……要不是那個掌握權勢的企業家彼得・伊舍維爾（Peter Isherwell，馬克・勞倫斯〔Mark Rylance〕飾）從中插手。

這位科技巨頭採用類似於賈伯斯（Steve Jobs）在蘋果發表會的「Keynote」[1]簡報介面，營造虛幻的視覺效果向粉絲談話。不過，這個反派角色讓人聯想的倒不是蘋果公司的已故執行長，而是馬斯克。

彼得經營一家私人太空公司，對他的公司來說，彗星可以帶來可觀利潤（其中蘊藏電池所需的稀有礦物）。這個可惡的傢伙使美國太空總署正在進行的計畫突然喊停，改為執行他自己的太空任務。

彼得的計畫內容技術含量相當高，他打算先取出彗星的稀土金屬，然後再將彗星摧毀成無數顆不至於造成損害的小碎石；聽起來酷斃了！「但是這些技術的應用有相關科學論文發表嗎？」天文學家藍道・明迪（Randall Mindy，李奧納多飾）問道。

1 譯按：「Keynote」類似於蘋果的 PowerPoint。

明迪提到的「科學論文發表」，就是研究人員按照嚴格程序撰寫的文章，經同儕審核（peer reviewing，即由其他科學家校對審閱），以驗證論文品質是否具有效力。這些文章傳播了研究成果，構成學術思想的脈動：或許提出的學說本身還有改進空間[2]，但仍然重要……。**劇中影射馬斯克的角色彼得並未遵照這個原則**，令天文學家明迪大感失望的說：「好，我都明白了，你們這些人，你們就是恐龍！」

擔任法國國家科學研究中心（CNRS）「波爾多天文物理實驗室」研究主任的天文學家弗蘭克·賽勒西斯（Franck Selsis）說：「此幕讓我相當有共鳴。」這個場景指出了**馬斯克做事方法的主要特徵之一。那就是濫用不同的科學方法**。

這位SpaceX、特斯拉和Neuralink[3]的操盤手，就像他在《千萬別抬頭》中的化身一樣。賽勒西斯接著說：「因為擁有豐富的資源，馬斯克網羅了專業領域中最好的研究人員，但從來真正沒有公開發表過任何研究成果提供『同儕評閱』，因此沒有人真正知道他到底在做什麼，這讓他更加肆無忌憚。」

電影最後結局是一切同歸於盡。而在現實世界中，馬斯克塑造的未來會是什麼樣子？

這本書不是一般的傳記，而是試圖深入探索這位媒體焦點人物與科學維持的關係，**解讀這位企業家在太空、交通、醫學甚至金融領域，具體實現的成果——畢竟，他現在也在加密貨幣領域呼風喚雨。**

這位全能企業家正在投資二十一世紀所有科學領域：在人工智慧方面，他希望將電腦與人類大腦相連，革新神經科學；而在虛擬貨幣的發展過程，他也扮演關鍵角色。別忘了在二〇二二年四月，他還大動作打算收購推特（Twitter）[4]！

然而，在這場顛覆一切的當代創新中，是否存在任何有組織的科學思想？哪些技術性、生物性和資訊的偉大原則，是馬斯克打算推展到極限？在他完成的成果中，有哪些是真正的創新，甚至是「革命性」（如同粉絲和媒體樂於使用的形容詞）的？哪個部分是唬人的？**哪些問題是他忽略的，因為這些問題可能成為他未來**

---

2 作者按：研究人員會在最具權威的科學期刊上發表論文、拓展能見度，如《科學》（*Science*）、《自然》（*Nature*）或《刺胳針》（*The Lancet*）等，否則他們的事業無法進展。然而，發表論文的過度壓力也受到許多研究界人士批評，他們用一句話來概括這種情形——「不發表就死亡」（publish or perish）。

3 編按：神經科技公司，主要研發植入式腦機介面，詳見第三章。

4 編按：後於同年十月二十七日完成收購案。

願景的重重阻礙？

馬斯克製造緊張的壓力，因為他顛覆了科學家長期以來的實踐方法。看看「星鏈」（Starlink）計畫的案例：馬斯克利用他的太空探索科技公司 SpaceX，在低地球軌道上[5]裝置了難以計數的衛星。這些衛星形成了一個「巨型星座」（megaconstellation），為地球各個角落供應全球網路。

這項計畫對外宣傳為慈善行為：因為地球上每個人都有使用網路的權利。但它也是馬斯克的核心業務，這點尤其重要；星鏈衛星網路的月租費收入，可望挹注其他產業營運的所需資金。

問題是，這些衛星將對天文學家的天空觀測帶來嚴重干擾。因為星鏈的微衛星（microsatellite）會在夜空中形成許多光點，這使得用望遠鏡觀測變得眼花撩亂。賽勒西斯語帶苦澀的批評：「事先完全沒有任何討論，擺在眼前的已既成事實，我們只能接受必須面對的問題。換句話說，當我們開始聽說星鏈計畫時，實際上它已經快部署完畢了。」他繼續說道：「直到同事們因為夜空中出現一列明亮的光點感到震驚不已，頓時全世界所有的電話震動此起彼落，這個問題才開始被討論。」

馬斯克也顛覆了 SpaceX 和特斯拉相關行業，幾十年來建立起的工業思維和行動方式：「**火箭從太空降落回地球？**絕對行不通！」「**電動車取代汽油車？**那是科幻小說吧！」**這些固有思維都被馬斯克打破了。**

所有人都憧憬著美好未來，並一同感到振奮，全球報紙和媒體也歡天喜地爭相報導、讚揚他的成功經營，以及對未來的展望。馬斯克還因此成為二〇二一年《時代》（*Time*）雜誌年度風雲人物，受到廣泛關注和評論。

身為記者，這幾年來我參與了「馬斯克現象」的出現；但我很想不把它當一回事。他那些尖銳粗魯的發言，以及不斷在媒體上興風作浪的行為令人厭煩。看到他在網路上一邊錄製直播節目一邊抽大麻[6]，令人聯想到的不是愛因斯坦（Albert Einstein），而是甘斯柏（Serge Gainsbourg）[7]。他瘋狂使用推特，經常在推特上放話嗆人（比如「以烏克蘭做賭注」的推文，就是在嗆普丁〔Vladimir Putin〕出來單

5 編按：Low Earth orbit，一般高度在兩千公里以下，絕大多數對地觀測衛星、太空站，以及一些新通信衛星系統都在此高度。

6 作者按：美國主持人喬・羅根（Joe Rogan）的 Podcast 節目。請見：https://bit.ly/38TnLa6。

7 譯按：法國流行音樂的重要人物之一，作品充滿挑釁、幽默與諷刺。

挑[8]），這讓人想起了川普（Donald Trump）。

然而，一位前法國軍備總局（DGA）的成員向我提及，他回憶起當初馬斯克的一些想法被嗤之以鼻，並說道：「專家們過去總說火箭不能重複使用，因為這在技術上是做不到的。當馬斯克向大家展示他能夠做到，這群專家們又說這在經濟上是沒辦法實現的。現在，大家又可以看到實際情況是如何了……。」

馬斯克真的改變了世界。他對世界所產生的影響堪稱開啟了「馬斯克時代」，誠如法國國家太空研究中心（CNES），運載火箭[9]專家克里斯托夫．博納爾（Christophe Bonnal）總結道：「**他說到做到。只不過從來沒有在宣布的期限內。**」

地球是人類的搖籃，但我們不會在搖籃中度過一生

千禧年之初，馬斯克宣布要投資太空產業；當時把他看成傻子的那些人，現在都要失望了。二〇二二年，即SpaceX成立二十週年之際，該公司已成為美國太空總署和國防部的旗艦合作夥伴。馬斯克的SpaceX公司搶先發射大量衛星，現在該公司可以誇口說他們承接的訂單，包辦了美國機構近四分之三的發射任務。因此，

經常有人批評，馬斯克這個所謂的創業冠軍，倘若沒有公家的錢，就什麼也不是了。美國政府確實提供 SpaceX 補助資金，許多人甚至認為，**SpaceX 已經成為美國實施太空統治戰略的合作夥伴**。

如今，SpaceX 以完全垂直的商業模式蓬勃發展。該公司從生產運載火箭、衛星到提供服務都有。這種情況對它很有利，因為能夠賺進最多鈔票的正是提供服務。馬斯克估計：星鏈衛星的寬頻網路服務，每年可帶來約兩百五十億美元的收入。這筆收入是其經濟模式的核心……這就是為何馬斯克必須加快腳步，使巨型星座盡快全面運作。

歐洲人以驚愕的眼光看著馬斯克，很可能還帶著些許羨慕。在歐洲，我們不實行垂直整合。例如，負責開發阿麗亞娜六號（Ariane 6）[10]運載火箭的阿麗亞娜集團（ArianeGroup）並不生產衛星；它把生產任務交給法、德兩國合作的空中巴士國防與太空公司（Airbus Defense and Space），以及法、義兩國合作的泰雷茲．阿萊

8 作者按：https://bit.ly/3ycDlmt。
9 編按：Carrier rocket，所有可以把載具從地球送入外太空的飛行器統稱。
10 編按：由歐洲太空總署自行研製，作為歐盟各國或其他國家，進行太空任務的一次性運載系統。

尼亞航太公司（Thales Alenia Space），由這兩家歐洲衛星製造商負責。

對於數據的使用，則另外交由其他公司進行——像是法國的歐洲通信衛星公司（Eutelsat）。這些工業分界是歐洲的規則，然而在太空方面，歐盟各國之間也缺乏團結：舉例來說，德國的一些軍事衛星是由 SpaceX 送入太空，而非歐洲的阿麗亞娜。

在馬斯克的未來願景和現實不可避免的限制條件中，兩者之間還出現了其他緊張關係。確實，地球上的資源並非取之不盡，用之不竭（如果世界走向電動化，所有東西都需要電池，人們又該如何製造電池？），而且物理定律也不容違反（我們永遠無法在火星上呼吸）。

殖民火星的願景，一開始讓許多專家露出微笑，然後是輕咳幾聲，現在則是大聲嘶吼。他們指出了許多現實因素，**即使人類可以探索火星，似乎也不可能在那裡正常生活**。

然而，如果我們沒有這樣的遠大夢想，那麼就只有漫畫《丁丁歷險記》（*Les Aventures de Tintin*）中的主角丁丁才能登上月球了。大眾也非常明白這一點，所以也附和馬斯克的故事。

火箭專家博納爾熱切的說道：「我把這看成一部不可思議的小說，每天都翻開新的一頁，每天都發現不同的東西。興味盎然一頁接一頁讀著，完全不知道接下來會發生什麼事。」

關於火星問題，馬斯克直言，讓人類在火星定居不是 SpaceX 成功的結果，而是 SpaceX 一開始存在的原因，他就是為此而創立這家公司。《奔向月球》（*Objectif Lune*）[11]白皮書協調員、太空法律專家阿爾班・古約馬赫（Alban Guyomarc'h）表示：「他經常被說成是超人類主義者（transhumanism），我認為他更像是俄羅斯宇宙主義（Russian cosmism）的傳人。」

超人類主義的概念是「透過科技改造人類」，這正是馬斯克想要利用 Neuralink 公司做到的。該公司打算開發腦部植入裝置，使人類能夠透過思想控制電腦。

至於宇宙主義，被公認為蘇聯和俄羅斯航太之父的科學家康斯坦丁・齊奧爾科夫斯基（Konstanty Ciołkowski）說過一句話，綜述了這種思想潮流：「地球是人類

11 作者按：這份白皮書是「國家研究與技術協會」（ANRT）的研究成果，該協會集結了法國大部分的研發工作。

的搖籃，但人不會在搖籃中度過一生。」

也就是說，**人類注定要離開自己的星球，我們將在前往太空的旅途中實現人類意志和技術能力的願景**；相對的，太空對人類也會發生影響力。

此外，馬斯克能夠吸引人的關鍵點之一是：他看起來很真誠。火星探險可能實現嗎？他相信可以。這使他比以前的航太業者更具優勢。如今航太業者也開始堅信自己的立場，不再像以往那般懷疑所有的創新行動，這些歷史進程最後將使人們能夠像生產領帶或巧克力一樣製造火箭。

馬斯克就像個調皮鬼，帶著願景和某種想法突然闖入了太空世界……最後把以前的這些航太工業家狠狠甩在後頭。古約馬赫笑著說：「我甚至認為，他對太空理念和商業規畫同樣感興趣。」

他坦率大膽的一面，也讓自己在新太空領域的參賽者中具備優勢，因為在新太空產業裡，私人參與者扮演非常重要的角色，其中當然也包括他的頭號敵人傑夫・貝佐斯（Jeff Bezos）。

二〇二三年已經五十二歲的馬斯克，經常引用電影、漫畫、線上遊戲和科幻小說中的科技怪咖或情節，直接與新世代的人們交談。

例如，當他測試天龍號（Dragon）太空船時——也是近十年來第一艘和國際太空站對接的美國商用太空載具[12]——艙內載著一個太空人模型，便取名為雷普莉（Ripley）。沒錯，就是電影《異形》（*Alien*）中雪歌妮・薇佛（Sigourney Weaver）所飾演的角色。

將特斯拉跑車送上太空的影像（見第一四六頁）也引發大量媒體熱議，他向英國科幻小說家道格拉斯・亞當斯（Douglas Adams）的經典著作《銀河便車指南》（*The Hitchhiker's Guide to the Galaxy*）致敬：車上的儀表板顯示著「不要驚慌」（DON'T PANIC），就是直接引用書中名句，讓粉絲們欣喜不已。

接著是他的可重複使用火箭，降落在大海的兩艘無人航太著陸船（ASDS）上；這兩艘船正是以蘇格蘭科幻小說作家伊恩・班克斯（Iain M. Banks）[13]書中的太空船名「我當然還愛著你」（Of Course I Still Love You，見第二十五頁圖）和

12 作者按：二〇〇三年哥倫比亞號（Columbia）太空梭爆炸後，美國小布希總統（George W. Bush）次年決定停飛兩年。二〇一一年，隨著國際太空站建造結束，承載重物所需要的太空梭開始全面停飛。自此僅靠俄羅斯的聯盟號（Soyouz）搭載太空人進入太空。直到 SpaceX 發射了天龍號，才結束俄羅斯的壟斷局面。

「請閱讀說明書」（Just Read The Instructions）來命名。

「班克斯創作了《文明》（*Culture*）系列小說，他是文學天才的化身。在科幻小說的文化中（就像所有其他領域一樣），有些參考資料我們喜歡特地拿出來說，為了表示『我知道得比別人多』，同時稍微測試一下周圍的人，看看誰是真正的行家。伊恩．班克斯就是其中一個參考指標，不僅能看出深度科幻小說的文化，還包含了馬斯克想要融入的某種學術經典。」古斯塔夫．艾菲爾大學（Université Gustave Eiffel）的當代文學教授，伊芮．朗格勒（Irène Langlet）如此評論。

在科幻小說界值得高度尊崇的班克斯，他的作品卻從來沒有被改編成電影，所以一般大眾對他並不熟悉。然而，內行的馬斯克毫不猶豫引用了他的著作。

馬斯克對奇幻文學的熱愛來自童年的經歷。他在一九七一年出生於南非普利托利亞（Pretoria）的富裕家庭，年少時性格內向，不過在閱讀漫畫、科幻小說和奇幻故事中，找到了自己的小天地。

父母離異對他影響甚深，他與父親的關係時有衝突矛盾，甚至帶給他很大的創傷。幸好有祖父喬舒亞．霍爾德曼（Joshua Haldeman），他是一名加拿大醫生兼政治家，而且還是真正的萬事通；因為一時興起，到了南非定居。

馬斯克的祖父是一個充滿想像力和喜歡冒險的人：他駕駛單引擎飛機，和他的妻子溫（Wyn）大膽飛越印度洋（從南非到澳洲往返共飛行四萬八千公里）。馬斯克傳記[14]作者艾胥黎・范思（Ashlee Vance）指出，馬斯克認為自己對風險的高容忍度，便是源自於祖父的血統。

他從年少就培養的另一個強烈興趣是電腦。馬斯克很早就決定前往美國這個充滿創新和高科技的黃金國度。由於母親是加拿大血統，所以到美國的過程相當順利。二〇〇二年，他成為美國公民。很快的，他的弟弟金巴爾（Kimbal）與他在加州會合；兩人隨後開始投入科技領域。第一個初創公司是 Zip2，融合了谷歌地圖（當時還沒有）和電話簿的功能，提供客戶離家最近的披薩店、洗衣店或電影院的網路資訊服務。

後來 Zip2 被康柏電腦（Compaq）收購；馬斯克賺進了兩千兩百萬美元。他幾

13 作者按：班克斯為太空故事帶來的創新受到肯定，科幻小說界的專家稱他為新太空歌劇（New Space opera）的大師之一。從這種奇幻文學到新太空產業，可以說馬斯克創造了一條捷徑，縮短了兩者間的距離。

14 譯按：《鋼鐵人馬斯克》（*Elon Musk: Tesla, SpaceX, and the Quest for a Fantastic Future*）。

乎全數投入下一個計畫——X.com，一家經營網路銀行的公司。這在當時是非常新穎的概念，很快成為潮流；與此同時，競爭對手創立了Confinity公司。最後，兩家公司合併，成了知名的PayPal。

後來PayPal賣給了eBay，為馬斯克帶來大筆收入。范思指出，這筆交易讓馬斯克賺進二．五億美元，稅後淨賺一．八億美元。不過馬斯克無意提前退休；他把資金投資到新計畫，創造未來的傳奇。於是，太空探索科技公司SpaceX、特斯拉和腦神經科技公司Neuralink的時代來臨了。

▲圖0-1 2017年3月30日，獵鷹 9 號火箭成功於無人航太著陸船回收，馬斯克特別將這艘回收船取名為「我當然還愛著你」。
（圖片來源：維基共享資源公有領域。）

第 1 章

巨型星座，馬斯克專屬

1 新太空，私人企業也能航向宇宙

「沒有娛樂的國王是充滿悲苦之人。」這句名言於十七世紀被法國天才神學家布萊茲．帕斯卡（Blaise Pascal），在他著名的《思想錄》（*Pensées*）中提及。

出售線上支付公司 PayPal 獲得了巨大財富的馬斯克，拿著幾千萬美元要做什麼呢？在椰子樹下慵懶的躺著無所事事、啜飲雞尾酒？這不是他追求的人生價值。他想要找到某種熱情、某種會令他興奮，感覺自己在為某件事情努力，某件將留存於未來的事情。甚至，還可能造福人類？

二〇〇二年是這位企業家關鍵的一年，他取得了美國籍。當時這位年僅三十歲的億萬富翁，創建了 SpaceX：能再次感受年少時第一次閱讀科幻小說的狂熱感、對太空探索的渴望，令他興奮得顫抖。

二〇〇二年五月六日，他的航太公司成立了——全名是「太空探索科技公司」（Space Exploration Technologies Corporation，本書以下簡稱 SpaceX）；馬斯克把出售 PayPal 獲得的一．八億美元資金，投入了這家公司。

現在，SpaceX 已經二十一歲了。這是個美好的年齡，也是回顧歷史的適當時機，是時候檢視成績單了。

SpaceX 先後推出獵鷹一號（Falcon 1）、獵鷹九號（Falcon 9）和獵鷹重型（Falcon Heavy）運載火箭（獵鷹五號〔Falcon 5〕計畫最終沒有實現），其成功有目共睹；然而，**它在太空領域的肆無忌憚也惹惱了許多人**。

因此，只要稍微討論或上網搜尋對該公司的評論，就會發現網友各式各樣的酸言酸語，例如：「這家私人公司並沒有真的那麼成功，而是因為美國政府在背後出資補助。」

這話倒不假，如果沒有公共資金挹注，馬斯克的公司可能難有成就。**該公司大部分的訂單來自美國政府的發射任務**。發射計畫合計價值相當可觀：美國國防部和太空總署，每年帶來近一百六十億美元的商機。其中約六〇%成了 SpaceX 的收入。

SpaceX 獲得美國政府的資金補助，其實是出於非常特別的情況——二〇〇六年，製造商波音公司（Boeing）和洛克希德．馬丁公司（Lockheed Martin），這兩家航太和國防安全領域的翹楚，是三角洲運載火箭（Delta）[1]和擎天神運載火箭（Atlas）[2]的製造商，也是將美國的探測器與衛星，送入太空的主要發射服務商。

波音和洛克希德決定合作組成「聯合發射聯盟」（United Launch Alliance），構成市場壟斷。這兩家公司關係緊密，讓當時的美國太空總署署長邁克爾．葛里芬（Michael Griffin）感到憂心；於是，他決定重開賽局。二〇〇六年八月十八日，葛里芬與 SpaceX 簽訂了一份利潤豐厚的合約，讓 SpaceX 加入了供應國際太空站（ISS）補給的服務。

從那時起，美國太空總署和 SpaceX 攜手合作；馬斯克的公司甚至已經成為美國太空統治戰略的首要夥伴。這意味著政府可能暗地裡補助 SpaceX？有人指出，美國給馬斯克的合約價格似乎太高了，國防部和太空總署支付給 SpaceX 的發射費用可能是……「市場價格」的兩倍。

火箭專家博納爾說：「這個說法有很大的討論空間。人們往往忽視自己的弱點，卻對別人的缺點一味放大。」歐洲的阿麗亞娜也是透過協助發射「歐洲保證進入太空計畫」（the European Guaranteed Access to Space）獲得公共資金補助。

況且，一次火箭發射的成本究竟是多少，任誰都很難說清楚——**大部分價格都**

是機密，難以探究真實情況。就連阿麗亞娜火箭的價格，都被阿麗亞娜太空公司緊緊保密。因此只能大略估算，但這些數值也可能是錯誤的。

不過，在這個明暗交錯的計價中，還是有些金額數目是公開的。例如為美國政府執行發射任務的收費便是如此，由於是公家機關，所以費用公開。獵鷹九號替政府執行發射任務時，收取的費用約為九千五百萬至一億美元（例如發射全球定位系統GPS）。如此看來，政府的發射任務確實收費較高。

其實我們可以找到一個接近準確的參考價格——只須在 SpaceX 網站上搜尋，就可以看到獵鷹九號的發射任務，一般收費約為六千萬美元……而且還註明「可以另加選配」。

例如，可以選用比基本裝置更先進的「有效載荷轉接器」（payload adapter）、更複雜的整合、更多的檢查驗證……簡單說，就像買車一樣，這些額外的小配件很容易增加一些費用。「政府官方的任務經常會發生這種情況，導致執行任務的成本

1 編按：於一九六〇年代開始進行美國的太空任務。
2 編按：前身為洲際彈道飛彈，於一九五〇年代末期布署，用來與蘇聯抗衡。

更高。」博納爾繼續說道。

公共資金因此成了攻擊箭靶，本世紀初新興的私人太空產業，現在被稱為新太空，而公共資金與新太空產業興起有很大關係。SpaceX 顯然是典型案例，但許多其他公司也在這個新市場展露頭角，包括貝佐斯的藍色起源（Blue Origin）航太公司；他不只是是亞馬遜的創始人，也是馬斯克的勁敵。

太空法律專家古約馬赫對此做出評論：「新太空不會讓國家的地位消失不見，國家依舊會好好的在那兒，不會離開。」古約馬赫稍後又說：「別忘了，發展太空仍需繼續利用國家的基礎設施。我指的不單是發射場和巨大的發射臺。還有許多研究機構也參與太空開發，特別是像法國這樣投入大量公共資金的國家。」唯有國家一直穩固存在，法律問題才得以解決：在國際上，每個國家對其授權發射的所有物體必須負責，無論是由官方還是私人企業發射。

另一方面，隨著新太空產業興起，私人合作夥伴的地位也出現改變。早在一九六〇年代美國啟動阿波羅號計畫（Apollo）時，便有私人公司參與其中，古約馬赫繼續說道：「現在像 SpaceX 這類公司，有些都已具備承包能力。太空總署可以和他們簽訂一份全面合約。這已經不是委託製造運載火箭某個部位的螺栓而已，而是向承包商訂購幾乎整個方案。」

私人公司過去一直是單純的執行者，**隨著新太空時代到來，私人公司變成提案和創新的重要力量**。古約馬赫總結道：「行動的主控方發生了轉變，同時風險也轉移了。」

自此，合作的私人企業承擔了很大一部分風險。看看獵鷹最近的發展情況：馬斯克投下個人資金，才挺過連續發射失敗面臨的資金困境。不過這位世界首富有足夠的金錢實力這樣做。

「新太空」產業的興起，也標誌著太空市場的自由化。隨著不可避免的私人航太企業勢力崛起，**太空已開始步向私人財產化**。這使得國家利益受損，雖然政府持續涉入並參與某些專案計畫，但已失去壟斷地位。

經過飛行驗證的火箭（不是二手！）

雖然我們已經習慣這類科技改革，但這些畫面還是相當驚奇，讓人不禁瞪大眼睛……二〇一八年二月六日，兩支巨無霸雪茄垂降地球表面。火箭從地面起飛沒什麼特別的，但這回卻相反，**是火箭回到地球表面了！**

從太空返回的火箭，因高速衝入地球大氣層產生高溫燒灼而湧出濃煙，底座起火燃燒竄出的火焰，減緩了兩枚火箭的速度。在觸地前一刻，火箭底座的著陸腳架展開，如同撐開一把缺了傘布的傘骨，好讓火箭著陸時可以平穩站立。最後，這兩座巨型圓柱體平穩著陸，直挺挺的就像字母「I」矗立在地面——SpaceX 獵鷹重型火箭的兩個推進器，完美的同時著陸。

這些是 SpaceX 超重型火箭的推進器，火箭的第一節[3]。話說馬斯克想把它們帶回地球，可不只是為了吸引人們目光——雖然他在網路上直播這些像電影般的飛行畫面，確實徹底發揮了媒體效應。

其目的顯然是要使第一節火箭能再度出發。否則一旦完成任務，發射結束後火箭便被摧毀，下次發射時必須再建造另一個全新的火箭。也就是說，一切從頭開始，再度耗費數百萬美元重新建造火箭裝置。試想假使火箭可以重複使用，日後發射便可省下大筆費用。

製造可重複使用的運載火箭，一直是 SpaceX 發展的創新原則。這是馬斯克相當新穎的點子。事後看來，這樣的想法很容易理解；畢竟，就像我們從巴黎搭機穿越大西洋抵達紐約後，不會就這樣把飛機給扔了。是靈光乍現嗎……倒也不見得，因為**發展可重複利用的裝置，早已在幾家航太公司的規畫中**。

例如，二〇一一年退役停飛的美國太空梭，本身就是可重複使用的。另一個更有趣的例子：在疫情兩次封城之間的空檔，我參觀了巴黎附近的法國航空博物館（Musée de l'Air et de l'Espace），很驚訝的發現了一架垂直起飛的飛機原型，它的外觀讓人立刻聯想到馬斯克的火箭。

你可以想像一根大雪茄，用四隻腳站立，超過八公尺高，上面有個飛行員的座位。這個「飛行的阿塔爾（Atar volant）」是由法國斯奈克瑪公司（Snecma，現為賽峰集團飛機引擎公司〔Safran Aircraft Engines〕）於一九五七年設計。

負責航空博物館文化與科學交流的馬修・貝拉德（Mathieu Beylard）解說：「這是用來開發垂直起降的飛機模型，也就是後來的『甲蟲』（Coléoptère，見下頁圖1-1）飛行器系列。到達足夠的高度時，它會擺動到水平位置。不過這個計畫最

3 作者按：火箭的第一節基本上裝滿了推進劑，經燃燒產生推力，使火箭能擺脫地球的重力而上升。第二節則運載例如衛星等設備，最後投放到太空中。

後被放棄。」據說是因為太危險了，首次試飛時飛行員差點喪命。

當然，阿塔爾不是火箭。它的推力還不足以讓物體脫離地心引力（飛機引擎的運作原理，是利用空氣中的氧氣燃燒燃料，火箭引擎必須在高海拔氧氣稀薄的環境下運作，因此必須配備儲存箱攜帶氧氣）。

▲圖1-1 垂直起降的飛機「甲蟲」，或許是馬斯克的靈感來源？
（圖片來源：維基共享資源公有領域。）

然而，這就是啟發馬斯克深入思考的源頭嗎？誰知道呢！必須說，雖然這位創業家喜歡做秀，在媒體上大量曝光火箭著陸或墜毀的影像，但**涉及科學資訊方面，你很難從他那裡套出任何內幕**。

博納爾證實了這一點，他說：「馬斯克絕

對不和別人交流技術問題。他從來沒有發表過任何學術研討會議論文集[4]。」就連一篇具體描述運載火箭的科學文章都沒有——我相信以兩百八十個字元為限的推文，也無法傳遞這類訊息。

這種做法與美國太空總署、歐洲太空總署這類大型官方機構截然不同：這些官方機構一旦發現了什麼，就會到處公開發布。博納爾強調：「在馬斯克那裡，發表言論是一道完全封閉的門。只有少數人有權和外界交流。」

這些被選為有權發言的重要成員為數極少。過去曾由該公司副總裁的湯姆・穆勒（Tom Mueller）擔任，他是火箭引擎的天才設計師，但已於二〇二〇年十一月離職。現由運營長格溫・肖特威爾（Gwynne Shotwell）負責公開發言；當然，還有馬斯克自己。總之就是：「其他人無權就任何主題發表言論。」

事實上，馬斯克只有在對自己有利的情況下，才會詳細說明他實現的成就。他不會去向人解釋「這是引擎循環」或「這是入口壓力」。他只有在做宣傳時才會開口說話，就像貝佐斯和「藍色起源」一樣。

4 編按：提交給研究人員同行的工作書面紀錄，通常包含研究人員做出的貢獻。

至於在專業期刊上發表透過同行評審驗證科學方法……他根本不在乎！博納爾接著說：「**對於已驗證的科學方法，馬斯克通常是站在對立面的。不過，他確實開闢了不少未知領域，真正重新整理了科學知識**。像是第一節火箭返回發射臺、重返大氣層時，獵鷹號的引擎必須再次點火，這時它與大氣的相互作用非常複雜，人們對此了解甚少。馬斯克在這方面做了研究，不過卻沒有公開發表過隻字片語。」

二〇一五年十二月二十一日，SpaceX 的第一節火箭首次成功返回地面。第一節火箭才剛著陸，第二節火箭已完美的將美國軌道通信公司（Orbcomm）的十一顆衛星送入軌道。為了實現這項壯舉，經過多次測試，在同年的一月和四月，兩次回收第一節火箭的測試都以失敗告終，火箭體的金屬板因爆炸瓦解成大量碎片。而接下來的測試，也就是二〇一六年一月……再度失敗！

測試再測試，回收火箭測試從此變成了例行工作。馬斯克隨後使用浮在海面上的大型無人航太著陸船，作為火箭的回收平臺，增加了幾分趣味。位於佛羅里達州沿岸，距離卡納維爾角（Cape Canaveral）發射場一千兩百公里處的大西洋上，分別命名為「我當然還愛著你」和「請閱讀說明書」兩座海上著陸平臺的建造過程，同樣遭遇過一些挫折，最後才順利勝任此例行性任務。

可回收再利用的火箭，它的命運就是……不斷重複被使用。而且，在第二次飛行後，還要讓火箭再度著陸（馬斯克希望重複使用至少十次）。這項任務直到二〇一七年三月三十日發射了 SES-10 衛星後，才順利達成。

環球衛星公司（SES S.A）的技術長馬丁・哈利威爾（Martin Halliwell），當時在新聞稿中宣布：「在二〇一三年成為與 SpaceX 合作發射的第一家商業衛星運營商之後，我們很高興也成為第一家**使用 SpaceX 經過飛行驗證的火箭**，執行發射任務的客戶。」在此順便提醒用字要恰當：千萬不要說成「二手火箭」，而是「經過飛行驗證的火箭」！事實上，該次任務的火箭順利再度著陸，也因此成為第一枚從太空返回地球兩次的火箭。

接下來發展重點在於強化獵鷹系列。繼獵鷹一號、獵鷹九號之後，推出了獵鷹重型運載火箭。它由二十七個引擎驅動，能夠將更重的有效載荷[5]送入太空。

獵鷹重型的首飛受到世人矚目，它將馬斯克另一家旗艦公司——特斯拉生產的汽車送入太空。此舉造成了全球轟動，還拍攝了一支廣告，展示火箭配備兩枚外側

5 編按：又稱「酬載」，指飛機或運載火箭攜帶的物體，如貨物、乘客、科學儀器或其他設備。

推進器和一個中央推進器。兩枚外側的推進器安全著陸——就是我們在本文開頭所提到；不過，中央推進器回收失敗，不幸墜海解體。當時 SpaceX 團隊非常低調的發布這則消息。

獵鷹重型搭載特斯拉發射到太空，讓人們無情諷刺它把一個「無效」載荷送入軌道——它的首要任務其實是發送「有效」衛星。

二〇一九年四月十一日，獵鷹重型完成了首次商業飛行，客戶是阿拉伯衛星通訊組織（Arabsat），總部設在沙烏地阿拉伯的利雅德（Riyad）。當時火箭第一節的三大部分皆返回地面，並在某些層面成功完成任務：兩個側面的推進器平穩著陸，而中央推進器一度降落在「我當然還愛著你」回收平臺上，但由於海浪凶猛，最後搖晃墜入海裡。雖然再次遇挫，但 SpaceX 正逐步向前邁進。

不過，衛星並不是 SpaceX 攜帶的唯一有效載荷。馬斯克的公司還開發天龍號太空船，首先是運送補給品，後來搭載太空人員到國際太空站。這個高八公尺、直徑四公尺的太空船，為了有別於運載貨物的天龍號，以其適合載人而被稱作載人龍（Crew Dragon）。

它於二〇一九年三月首次成功飛行。載人龍示範一號（Demo-1）順利與國際太空站對接並停靠五天，然後返回地球。在太空船上甚至還有雷普莉的人體模型充當乘客。

龍系列太空船第一次真正載人飛行的乘客是兩位資深太空人員：美國太空人羅伯特・班肯（Robert Behnken）和道格拉斯・赫利（Douglas Hurley，他們都曾經搭乘太空梭上過太空）。

二〇二〇年五月三十日，此趟太空飛行意義非凡：這是美國太空總署九年來第一次載人進入太空。這也標誌著美國在二〇一一年七月結束太空梭計畫後，恢復了自主載人進入太空。多年來，美國只能依靠俄羅斯聯盟號將自己的太空人員送離地球。**馬斯克終止了這個依賴他人和有損自尊的窘境**。這也成了他成功故事中另一段插曲。

馬斯克式創新：沒有革命性，但將技術發展到極致

SpaceX 憑藉著獵鷹系列火箭，擊退了太空發射市場的競爭對手。馬斯克也因此**將太空產業推向了低成本世界**。「二〇一三年十二月三日」是個特別值得高興的

日子，因為在此之前，馬斯克的太空公司只進行過代表國家的官方發射。這一天，SpaceX 順利完成首次商業發射，它為新客戶歐洲衛星公司將 SES-8 衛星送入太空（如稍早提到的），高度達八萬公里。

馬斯克在推特發文：「地球到月球距離的四分之一。」該次發射僅花費五千五百萬美元。這比阿麗亞娜五號運載火箭（Ariane 5）的費用低了三〇%。

許多人認為馬斯克之所以能夠打破市場價格，是因為他比競爭對手擁有大量優勢。傳聞 SpaceX 在創建時獲得了祕密的珍貴資源——梅林（Merlin）火箭引擎的使用權。該引擎是以煤油和液氧為燃料。

美國政府從中幫了一把，因為梅林是以前太空總署開發的，現在則替獵鷹系列運載火箭提供動力。**SpaceX 利用這種「現成的」創新，來建造自己的火箭裝置，完全跳過耗時又燒錢的重要研發階段**。

不過，火箭專家博納爾卻冷冷的說道：「這是不實消息！」按這種說法，引擎老早就穩妥的在那裡了，SpaceX 也不需要開發新的超強功能引擎，來驅動自己的運載火箭。

更準確的說——梅林引擎只是美國太空總署一架展示機 Fastrac X-34 的引擎衍

生品。這架試驗性質（因此代號為X）的超音速飛行裝置，隱約預見可重複使用的第一節雛形。它是一種小型太空飛機，利用波音B52搭載到一定高度再從機翼下方空投，迄今尚未通過前期開發階段。

博納爾解釋：「事實上，X-34的引擎沒有與第一版梅林引擎相同的推力，這兩種設備非常不同。渦輪泵不一樣。而且有一種常見的燒蝕式（ablative）燃燒室技術，馬斯克很快就把它換掉了。」……燒蝕？這是什麼？

要理解這一點，首先必須知道，火箭引擎的燃燒室是一個小空間，裡面混合著推進劑（這些元素最初在儲存槽中分開存放，當它們一起反應時便能提供推進所需的能量）。推進劑在燃燒室中以非常高的壓力點燃，而且溫度飆升至攝氏三千度左右。博納爾接著說：「我們沒有任何材料經得起這樣的高溫。」

因此，為確保燃燒室能夠承受這種高溫，可利用燒蝕材料製成，例如碳的衍生物——它會隨著時間，出現燒焦、收縮並消失。阿麗亞娜一號、二號、三號和四號的維京（Viking）引擎就是以這種方式設計的。這項技術已經純熟，但代價是犧牲引擎的性能。因為在燒蝕過程中，燃燒室的表面會退化，降低引擎功率。

此外，還有一種選擇，即選用所謂的再生室（regenerative chamber），其壁內嵌有許多細小管路，管內在非常低溫的環境下循環流通推進劑，例如氫氣。這些蜿蜒的細小管路，在整個燃燒室的表面下流通以主動冷卻。如此一來，即使燃燒室內部溫度達攝氏三千度，但燃燒室壁仍保持在合理的溫度範圍內，約為攝氏一千度或八百度，有時甚至更低。

有了再生室，引擎的性能明顯提高。但**這項技術並不是什麼創新發明**，早在一九五〇年代便已出現；然而，**重點是你必須懂得使用它，而馬斯克很快就成功把它應用在梅林引擎上。**

顯然，SpaceX 還掌握了另一個關鍵零件，決定了引擎的良好性能，那就是噴射器（injector），它是讓燃料和氧化劑流入燃燒室的一種裝置。其結構有多種不同的設計——我們可以想像各種型態的蓮蓬頭，孔洞的形狀和位置各有不同，林林總總中有一款特別出色，博納爾接著說：「其中有一款噴射器系統尤具巧思，稱為「舵針」（pintle），可以調節流量。這個零件使引擎變得更簡單，且可調節推力，但一般認為它的燃燒效率較差。」

換句話說，雖然它會燃燒，但效果不是很好。而且到目前為止，很少引擎會使用它，除了很久以前一個著名的例子——由美國TRW公司（在二〇〇二年被諾斯洛普・格魯曼公司（Northrop Grumman）收購）開發的登月小艇所使用的引擎。

博納爾說：「現在梅林改用舵針，看起來燃燒效率極佳。」不但效率非常高，而對那些只做假設和推測的觀察者來說，它仍是一種思維原則。博納爾更進一步表示：「在開發一種結構時，我們會透過有限元素法（finite element method）進行計算機模擬；每個組成元素能承受不同的載荷，它會以彩色圖像表現[6]：綠色區、黃色區、紅色區和黑色區。這些顏色表示不同程度的剩餘動力：當呈現黑色時，火箭便會下降。」

在航太業的傳統做法是改善黑色區，讓它恢復到紅色或黃色。沒有人會想刮掉綠色，把它變成黃色或紅色，沒有人會這麼做——除了馬斯克。這正是他在做的事，**完全刮掉**、**全部推到極限**。若以一般的顏色代碼，梅林引擎將全是紅色。每一處都會被壓到最低限制。

這種做法使梅林引擎在過去二十年裡的瘦身效果驚人。**馬斯克敢於修改已經運作良好的系統**。這又是他與傳統航太業者的另一個不同之處：傳統航太業者的理念

6 作者按：我們可以對照天氣圖——熱度由淺綠色到深紅色的色階表示，最後切換成黑色。

是，當某個東西運作正常，就別去更動它。他們認為更妥當的做法是：累積飛行經驗以增加設備可靠度，並證明相關設計的安全性。

當然，不時會有一些演變改進。例如，阿麗亞娜系列的引擎，從火神引擎一號（Vulcain 1）演進到火神一．二號（Vulcain 1.2），在發展了火神二號後，又改進為火神二．一號，用於驅動阿麗亞娜六號飛行。從一九九六年以來歷經四個版本，而第四個版本至今仍未試飛。

博納爾表示：「馬斯克的思維完全不同，他用的是電腦科學家的思考方式。即使研發了一個可以正常運作的版本，隔天他還會做出 Beta 版[7]，後天又有 Beta.1 版之類的，不斷持續升級。針對梅林引擎，也有多次設計改變：一．〇版、一．一版、一．二版、二．一版、二．二版……每一次改版都讓性能大為增進。」

比方說一．〇版，也就是梅林引擎的第一個版本，重達六百三十公斤，真空推力為四十九噸。到了一．一版，引擎重量減至四百八十公斤。現在，重量是四百七十公斤，推力達九十一噸。博納爾讚嘆：「太驚人了！」

不斷突破極限，這是 SpaceX 設計所有運載火箭的原則。**雖然沒有太多革命性的創新，但總會在技術方面推展到極限**。同時，它們也有一些原創系統；以獵鷹九號第一節和第二節的分離為例，僅由三個氣動手指（pneumatic finger）[8]控制，這三個氣動手指安裝在第一節，然後抓住第二節。

而阿麗亞娜系列的火箭，同樣功能則由煙火線（pyrotechnic cord）執行，不僅非常重又昂貴，還很不可靠，有可能在結構中引發極為猛烈的突發狀況。儘管這個方法確實可行，但 SpaceX 完全把它淘汰，改採更溫和、更少發生意外的系統。

還有另一個和火箭分離系統相關的例子：一旦上下節火箭分離後，歐洲太空總署會使用小型火箭令它們相互遠離；否則，下節有可能繼續前進，追撞上節火箭。獵鷹一號的第二次飛行就發生過類似事故，導致任務失敗。

同樣的火箭分離問題，SpaceX 也用了不同方法，博納爾解釋道：「他們選用了一個完全不同且相當瘋狂的系統，將一個大型氣壓缸連接到第一節底部，依靠在第二節的燃燒室中，因此，當分離時，它就會產生推力。從獵鷹九號的飛行影片中，能非常清楚看到氣壓缸。這項創意必須經過不斷思考。」

7 譯按：即測試版本。
8 編按：利用壓縮空氣作為動力，用來夾、抓取物件的裝置。

因此，**造就 SpaceX 成功的原因，是處處注重細節、苛求完美和追求利潤**。這是一次成功的探索，因為「馬斯克聚攏了最優秀的人才到自己身邊」，博納爾如是說。這位法國國家太空研究中心的專家，不賣弄艱澀的術語，熱情的口吻讓聽者興味盎然——儘管馬斯克激起這麼多的酸言和負評——他還是坦率的肯定：「其中最棒的，就是馬斯克自己。他可以說是自華納．馮．布朗（Wernher von Braun）[9]以來最偉大的太空工程師。SpaceX 有關火箭的決定都要經過他。由他下決定，做出選擇，他就是總工程師。」

他所做的這些決定將會大幅降低利潤，使科學和工業界面臨壓力。但是要注意，這並非沒有風險；非常接近臨界點，也意味著必須承擔容易失敗的結果。博納爾總結：「一定會有異常現象出現，比比皆是。例如執行 AMOS-6 發射任務時，在發射臺上爆炸的事件。」

當時，SpaceX 原定於二〇一六年九月初，發射以色列的同名通信衛星；然而獵鷹九號預定發射前四十八小時，在位於卡納維爾角的發射臺上測試失敗，發射器和運載的貨物皆因起火而爆炸毀損。

馬斯克的工程師團隊著手調查，並在幾個月後得出結論，第二節火箭的一個氦氣罐出現瑕疵。爆炸當天，美國參議院商務、科學和交通委員會的成員比爾・納爾遜（Bill Nelson）表示：「今天的事件提醒我們所有人，太空飛行，顧名思義是一項具有風險的業務。」[10]

納爾遜當時是佛羅里達州選出的參議員，現在是美國太空總署署長（二〇二一年五月就任）；他也曾是哥倫比亞號（Columbia）的太空人員，於一九八六年一月十二日至十八日執行飛行任務。然而就在他返回地球十天後，另一架太空梭——令人悲傷的挑戰者號（Challenger）——起飛不久即爆炸解體，哥倫比亞號成了最後一架平安返回地球的太空梭……。[11]

9 編按：德裔美國火箭專家，納粹德國著名的V2火箭總設計師。
10 作者按：引用自「太空新聞網站」（SpaceNews）報導：https://tinyurl.com/yc4czbt6。
11 作者按：此外，二〇〇三年二月一日哥倫比亞號發生事故（第二十八次任務），成了第二架在飛行中毀損的太空梭。

2 星艦，靈感來源是科幻小說

一八一八年，英國小說家瑪麗．雪萊（Mary Shelley）的作品《科學怪人》（*Frankenstein*）出版問世後，科幻小說才真正成為一種文學體裁。在美國，科幻小說同樣發展蓬勃；不管是廉價的低俗小說[12]、平民雜誌都是它的重要傳播渠道。美國本土這類雜誌的第一個代表，是創刊於一八八二年（從一八九六年起改版），整本雜誌全都刊載小說故事的《阿爾戈西》（*Argosy*）。

另外還有一九三〇年推出的《驚奇超級科學故事》（*Astounding Stories*）[13]雜誌，它催生了科幻小說界的知名作家，例如以撒．艾西莫夫（Isaac Asimov），他的《基地》（*Fondation*）系列最近因改編成影集，在蘋果公司線上串流媒體平臺播出而再度爆紅；還有《星艦戰將》（*Starship Troopers*）的作者羅伯特．海萊恩（Robert A. Heinlein），該書被拍成了同名電影《星艦戰將》。

《驚奇超級科學故事》的雜誌封面值得一看（見圖1-2），大家可以看到一系列色彩繽紛、科技先進的外星人，以及優雅閃耀的流線型宇宙飛船……從二〇二〇年代的網友視角來看，**這些老火箭與馬斯克的旗艦型之間，有著驚人的相似度**。

▲圖1-2 《驚奇超級科學故事》的雜誌封面，馬斯克的靈感來源很大部分來自童年時閱讀的科幻小說。
（圖片來源：維基共享資源公有領域。）

就像 SpaceX 最新的「星艦」火箭，可說是一個從小看著《當地球停止轉動》（*The Day the Earth Stood Still*）、《星際大戰》（*Star Wars*）長大的年輕科幻迷，極致的夢幻化身。

12 編按：Pulp Fiction，以冒險、犯罪和性等主題為中心，大量印製的廉價小說。

13 編按：於一九六〇年改名為《模擬科幻小說與事實》（*Analog Science Fiction and Fact*）。

獵鷹系列之所以取了這個名字，顯然是因為參考了「千年鷹號」（Millenium Falcon），也就是喬治．盧卡斯（George Lucas）於一九七七年開始拍攝的科幻電影《星際大戰》系列中，韓．索羅（Han Solo）和丘巴卡（Chewbacca）駕駛的笨重又超級可愛的太空飛船名字。

事實上，星艦起初叫做BFR，意即「大獵鷹火箭」（Big Falcon Rocket），人們也替它取了另一個綽號：「他媽的大火箭」（Big Fucking Rocket），對火箭本身的體積，非常馬斯克式的幽默了一番。[14]

巨大的銀色雪茄外型，因其外殼的不鏽鋼材質閃閃發亮、引人注目（這是一個獨特的選擇，稍後會再討論）；它寬九公尺、高約一百二十公尺。先前美國太空總署為阿波羅計畫開發的超重型運載火箭「農神五號」（Saturn V）已經相當驚人了，然而星艦比它還要高出十公尺。

自第一個獵鷹號高二十一．三公尺、直徑一．七公尺以來，SpaceX 設計的火箭不斷變大變壯。根據他們的說法，星艦將能夠攜帶一百噸的有效載荷。但最重要的是，**在重返月球和火星之旅，這艘太空船必須發揮關鍵作用**。

星艦由兩節裝置組成，皆可重複使用。第一節稱作「超重型推進器」，負責推動火箭，高約七十公尺。在上面的第二節，高約五十公尺，稱作星艦，和整個火箭名稱相同。第二節也是未來太空人進行太空探索時乘坐之處。

以甲烷為燃料，才能在火星就地生產

星艦並沒有使用梅林引擎。取而代之的是猛禽（Raptor）引擎。位於下層的第一節最多可安裝三十三個猛禽引擎，位在上層的第二節則最多六個。這項由SpaceX開發的新型火箭引擎，不再使用大家熟知的液氧和液氫（例如火神引擎）運作。

除了原有的液氧，猛禽引擎選用液態甲烷混合成推進劑。這個選擇仍存在一些制約因素，因為在太空工業中，結合液氫和液氧仍是最好的化學火箭引擎推進劑。法國太空研究中心太陽系探索計畫（programme d'exploration du Système solaire）負責人法蘭西斯・羅卡爾（Francis Rocard）表示：「就比衝[15]而言，這是最好的推進劑。」引擎的性能是以秒數定義；就好比汽車耗油量，是以每百公里消耗燃油多少

14 作者按：後於二〇一八年十一月更名為「星艦」（Starship）。

公升作為評價標準。比衝越高，引擎的效率就越高。混合液氫和液氧的比衝（大於四百秒）超過了結合液態甲烷和液氧。

這是馬斯克做出的選擇，結果證明極具戰略意義。因為**甲烷在儲存方面尤其具備難得的優勢**。羅卡爾做出評論：「人類要登陸火星，低溫推進劑的儲存是個難題，也就是說它**必須維持在非常低的溫度**，特別是在火星軌道上等待組員返回地球的飛行器內。」

SpaceX 工程師淘汰了液氫選項，勢必要找到替代方案。倘若以氣體型態儲存？那將會占用更多空間，絕對需要超級巨大的儲存容器。羅卡爾接著說：「因此他們有了改用液態甲烷作為燃料的想法，對火星探索等長期任務來說，這種低溫推進劑比較容易儲存。」

還有一個支持甲烷的決定性論據。那就是在**月球和火星上似乎有可能直接生產它**。有太空專家談到「就地生產推進劑」的可能性；例如，衛星發現火星南極很可能有純水冰。那麼，就可以將 H_2O 分子分解為氫（H）原子和氧（O）原子。羅卡爾認為：「如果也找到二氧化碳冰，就有望從中提取碳，再與加熱到非常高溫的氫結合，便可得到甲烷。雖然複雜，但是可行。」

主要想法是利用二氧化碳，它大多以氣態形式存在於火星大氣層，可將其一邊轉化為氧氣，作為第一種推進劑，一邊轉化為碳。如此一來就可以在非常高的溫度下與氫氣反應以製造甲烷，作為第二種推進劑。

從某些科學儀器觀測中，特別是中子能譜儀，如高解析度超熱中子探測器（FREND），已證明火星也存在氫元素。FREND被安裝在送入火星軌道的「微量氣體任務衛星」（Trace Gas Orbiter）探測器上，是二〇一六年由歐洲太空總署領導、俄羅斯大力合作的「火星生物學」（ExoMars）[16]計畫中的一部分。

然而，FREND是如何從火星軌道的監視站工作的呢？像火星一樣大氣層非常稀薄，或像月球一樣沒有大氣層的星球，其表面會不斷被來自太空的伽馬光子（gamma photon）噴灑（在地球上有大氣層可阻擋它們）。擔任法國太空研究中心主任，同時也是法國科學院院士的行星學家弗朗索瓦・富蓋特（François Forget）解釋：「這些高能量的粒子會穿透火星土壤；如果光子

15 編按：specific impulse，用來表示推進系統的燃燒效率。比衝越高，代表可以產生更多動量。
16 編按：該計畫的主要目標是尋找火星上過去和現存生命的跡象。

在那裡與原子核相互作用，往往會噴射出構成該元素的中子。其結果就是火星（月球也一樣），會放射出被伽馬輻射噴出的中子。所以，我們便有機會從太空中測量到它們。」

大多數情況下，中子會被移位並噴出，我們便「按現狀」測量它們。然而，有時它們可能會撞上其他原子核。如果是一個巨大的碳或二氧化硅之類（簡單說就是岩石）它們會先像撞球般反彈跳動，最後才被噴射出來。

不過，如果它們碰撞的是質子，即氫核，情況又不同了。由於兩者質量接近，碰撞的衝擊會使中子失去大量能量，這位行星學家繼續說：「因此，從太空測量到中子通量（neutron fluence）[17]真的很低時，就表示地下有氫氣」。

「如果檢測到大量氫氣，就是地下有冰的跡象。若蹤跡較少，那麼氫可能以水合岩石（經礦物水合作用〔mineral hydration〕）的形式存在，像是滑石（talc）或某些黏土之類。」富蓋特繼續說道。

所以對於繪製星球地圖來說，這是個好方法，藉此可以確定合適的著陸地點。不過，想要製造甲烷，僅僅檢測氫沉積物顯然是不夠的。還必須將氫提取出來，用作製造燃料的原料。因此，這需要許多能量。

羅卡爾補充：「對於從火星再度起飛，欲返回地球的推進飛行器來說，其中一個難題是，**必須在火星上就地製造推進劑**。」因為要這艘飛行器從地球升空時，即**攜帶足以供應從地球到火星之間往返所需的燃料，其實不大可能**。

「甲烷是一個非常好的選擇，早在馬斯克之前，我們就已經在使用甲烷了。」博納爾微笑道。由阿麗亞娜集團、法國太空研究中心，以及歐洲太空總署共同開發的普羅米修斯（Prometheus）火箭引擎，打算從二〇三〇年起供歐洲運載火箭使用，實際上便是以液態甲烷和液氧為燃料。

這項選擇乃基於成本、簡化裝置和壓縮空間，博納爾接著說：「甲烷的密度是氫氣的五到六倍。因此我們可以使用五到六倍更小的燃料箱裝載等量的燃料。」

這位法國火箭專家，大方展現對猛禽引擎的熱切讚許：「這款絕對非凡的引擎，將來可能搶走梅林『世界最佳引擎』的稱號。它設計精妙、輕巧、緊密壓縮空間；採用分級燃燒，這非常不容易做到！」當壓力達到作業需求時，該裝置產生推力，**比阿麗亞娜的火神引擎大兩到三倍**。

17編按：單位時間和單位體積內，所有自由中子移動的總長度。

還有，猛禽引擎的發展是根據馬斯克的「電腦科學」方法。即透過累積過去已經構建、發布、被毀，然後修正再改善的版本。這與美國太空總署一貫的做法大相逕庭。正如創立「火星協會」（The Mars Society）的美國航太工程師羅伯特．祖布林（Robert Zubrin）[18]所寫：「（美國太空總署）在進行首次飛行之前，耗費了數年甚至數十年分析一切情況。」

火星協會是推廣火星旅行的國際組織，馬斯克與其關係密切。這位企業家還在二〇一二年和二〇二〇年十月（以視訊方式）出席該組織的會議。他在YouTube上播放參加會議的影片，上傳後二十四小時內被觀看次數超過十萬次。

選用不鏽鋼：堅固、耐熱，又省錢

星艦發展經歷過數次嚴重的爆炸墜毀，最後才換得令人眩目的漂亮飛行。在拍攝的影片中（可以從網路上看到），這些火箭芭蕾秀是馬斯克的超級宣傳工具：大家都應該看看這些巨無霸不鏽鋼罐，從SpaceX位於墨西哥邊境附近的德克薩斯州基地，起飛衝向發射場的空中。從地面看，星艦的龐大機體緩慢上升，三隻猛禽噴出巨大火舌，將這些原型機推向空中。

就這樣，星艦原型機越過海岸線，映著墨西哥灣的海水，爬升到大約十公里高度。然後翻轉成水平位置，開始降落，最終回到垂直狀態，就像《丁丁歷險記》裡的火箭那樣。

起初進展並不順利。二〇二〇年十二月九日，星艦原型機SN8在著陸時墜毀。二〇二一年二月二日，SN9也發生了同樣的情況。二〇二一年三月三日，SN10空歡喜一場：雖然順利著陸，但由於落地時受到過大衝擊，火箭在著陸八分鐘後爆炸了。

終於，二〇二一年五月五日，SN15拔得頭籌，成了第一個成功著陸的星艦原型機。它降落在寬廣的水泥地面，離發射場非常近。當馬斯克為慶祝此事在推特上發文時，社會大眾似乎有點震驚（甚至失望？）：「星艦按計畫順利著陸！」。他

18 作者按：他的文章〈伊隆・馬斯克新火箭的可觀潛力〉（*Le potentiel considérable de la nouvelle fusée d'Elon Musk*）發表在火星協會法國分會（Association Planète Mars）網站上：https://bit.ly/3ygEjU1。

也因此建立了更大的粉絲群：該次著陸在 SpaceX 的 YouTube 頻道上觀看次數已超過六百萬次[19]。

星艦的飛行之美主要在於其閃亮外觀，前面提過它是**用不鏽鋼建造**的。**這是令人意想不到的選擇。現今的運載火箭，多採用鋁或甚至碳纖維設計**。然而，不鏽鋼並非貿然的決定：「我們在阿麗亞娜一號、二號、三號和四號的第一節火箭已經使用了不鏽鋼」，博納爾評論道：「不過阿麗亞娜五號和六號，以及美國太空總署的新款重型太空發射系統（SLS）火箭仍採用鋁製。」

為何做此改變？那是因為鋁比鋼輕得多；起飛將會變得更容易。這種「輕」的特點，變得有可能使用更厚的鋁板，因為等重的鋼板會薄很多，約半毫米左右。然而，製造這種薄得像捲菸紙的板材非常困難，他繼續說：「焊接問題很複雜，這就是我們所說的『技術門檻』。」

但這種說法越來越不成立，因為近年焊接的工藝已大為進步。再加上鋼的強度也勝過鋁，所以鋼再度恢復優勢。博納爾解釋：「在裝載時，雖然鋁比鋼輕三倍，但容量也少了三倍。」

對星艦這類可回收的運載火箭而言，鋼擁有一項珍貴特性：星艦從太空返回地球時，必須穿越地球大氣層；由於與大氣摩擦，重新進入軌道時會產生極高溫度。在此情況下，鋼的特性很具吸引力，因為**它可以忍受高達攝氏一千三百度**，甚至一千四百度的高溫。而鋁到了攝氏五百度，早已像棉花糖般融化了。

不過，馬斯克決定使用鋼建造星艦，同時也因為**成本更低**。最初他選擇三〇一合金。到了二〇二〇年三月九日，他在會議上說明這項材質在一九五〇年代就廣為人知，現在應該可以找到更吸引人的鋼材。

幾天後，他便在推特上宣布選用更耐低溫的三〇四鋼材。不過這項選擇也只是暫時的，馬斯克表示 SpaceX 將「可能在今年年底前」，改用由他的工程師團隊研發合成的一種不鏽鋼。我們敢說這項新鋼材的使用，無疑將與特斯拉工廠共享，馬斯克協同增效的能耐足可稱冠。

---

19 作者按：https://bit.ly/3sakaeH。

穿越大氣層，重點是散熱

進入大氣層是最關鍵的困難時刻，由於承受摩擦，太空載具會變得非常熱；最大的挑戰即是降低溫度。在前往火星的途中，必須數度穿越大氣層，使得這個問題更加棘手。

法國斯奈克瑪公司的推進器專家，同時也是火星協會法國分會副主席的理查．海德曼（Richard Heidmann）指出：「著陸火星之前，首先必須穿過火星大氣層，而在旅途最後重返地球時，同一艘星艦還必須穿越地球大氣層。同一個設備要經得起這樣的飛行過程，有很多條件要考慮。」

目前有一種技術是蒸發冷卻（transpiration cooling）──「儲存箱裝載一部分冷卻液體，例如液態甲烷，經由安裝在機體腹部的小孔滲出。」博納爾解釋道。

實際上這是最容易受到摩擦的區塊。馬斯克一度優先採用這個方法，但現在已不再適用。SpaceX 最後選擇了隔熱瓦（thermal tile）來散熱。美國太空梭也配備了相同裝置，以降低重返大氣層的溫度。這項隔熱系統極為重要，二〇〇三年二月一日的悲劇說明了這點。哥倫比亞號因為發射時防熱保護系統受損，在返回地球時解體；機艙內七名太空人全數罹難。

3 想在火星生活？可能比疫情封城更痛苦

歷時十一年的阿波羅計畫，是二十世紀標誌性的太空探險。一九六九年七月二十一日，尼爾・阿姆斯壯（Neil Armstrong）首次踏上月球。一九六一年正值冷戰時期，美國總統甘迺迪（John F. Kennedy）在國會爭取投入征服太空。

一年後，他在休斯頓萊斯大學（Rice University）演講中再次重申他的名句：「我們選擇登月。」（We choose to go to the Moon）撼動人心，被人們記入了歷史。自此，白宮主人保證將在十年內達成這個目標。

一九六三年十一月甘迺迪遭到暗殺，沒能看到太空願景的勝利並兌現承諾。然而，阿波羅十一號（Apollo 11）搭載阿姆斯壯和伯茲・艾德林（Buzz Aldrin）、麥可・科林斯（Michael Collins）踏上月球，成了首次實現登陸月球任務的太空人。隨後陸續有其他太空人登月，直到一九七二年阿波羅十七號執行最後一次的載人登月任務。總計共有十二名太空人踏上月球表面[20]。

從甘迺迪向國會提出登月計畫，到阿姆斯壯說出「這是個人的一小步，卻是人類的一大步」，中間只隔八年的時間。多虧了大筆預算，這個了不起的目標才能在破紀錄的期限內實現。

根據美國非政府組織「行星學會」（Planetary Society）估計，換算成現值，該預算相當於兩千八百億美元[21]。從那時起，美國開始花費大量資金**發展載人太空飛行**。事實上，**美國是世界上唯一將五〇%太空預算用於此目標的國家**。反觀歐洲太空總署，他們用在這方面的預算僅占一〇%。

山姆大叔對載人飛行的預算大幅增加，推動了另外兩項有關太空人的計畫：標誌性的太空梭和國際太空站。兩者的成本都超過一千億美元。前者從一九八一年到二〇一一年，持續了三十年，每一次飛行要花費十五億美元，相較於傳統火箭花費的成本，這是一筆相當可觀的支出。

至於國際太空站（見第六十六頁圖1-3），相信大眾對它已經很熟悉，這主要歸功於電影《地心引力》（*Gravity*）的成功，或者，從法國來看，要感謝媒體對太空人湯馬斯·佩斯凱（Thomas Pesquet）兩次在那裡停留的報導。

一九九八年，這個巨型太空實驗室的第一個模組，發射進入距地表約四百公里高的地球軌道上，開啟了國際太空站的建造。這是國際合作的成果，國際太空站在微重力環境（microgravity）下，進行了約三千項科學研究。

至今它仍在運作，但還能維持多久呢？美國政府於二〇二一年十二月三十一日，宣布預定繼續營運至二〇三〇年。但俄羅斯對烏克蘭的入侵改變了一切：為了反擊歐美的制裁，莫斯科當局透過「俄羅斯航太太空活動國有公司」（Roscosmos）提出威脅表示：國際太空站的俄羅斯模塊將無法再提供必要推力，以維持這個巨大結構繼續在軌道上運行。失去推力，太空站將可能掉入地球大氣層……。

正如法國著名歌星貝考德（Bécaud）唱的那句歌詞：「那麼現在，我要做什麼呢？」（Et maintenant, que vais-je faire?），在完成了登月這樣偉大的工程後，美國的航太發展要做出何種挑戰，才能有所突破？

---

20 作者按：在整個阿波羅計畫中，地質學家哈里遜．舒密特（Harrison Schmitt）是唯一造訪過月球的科學家。

21 作者按：請參閱法蘭克．達尼諾斯（Franck Daninos）在《科學與未來》（*Sciences et Avenir*）雜誌網站上的文章：https://bit.ly/3LNEWbD。

法國太空研究中心的太陽系探索計畫負責人羅卡爾對此做出評論：「一個國家擁有如此重要的部門，很明顯是想要向前發展。既然已成功登陸月球，下一步顯然是火星。就實務上而言，這是人類在本世紀唯一可以達成的目標。」因此，**載人前往火星旅行，實際上是二十一世紀標誌性的太空目標**，就像登月旅行是上個世紀的目標一樣。而美國，有鑑於其在這一領域的強大能力，未來將擔任先行者。「我認為他們一定辦得到！」羅卡爾這麼說道。

在此說明一下，我們指的是有太空人同行的載人太空飛行。無人的機

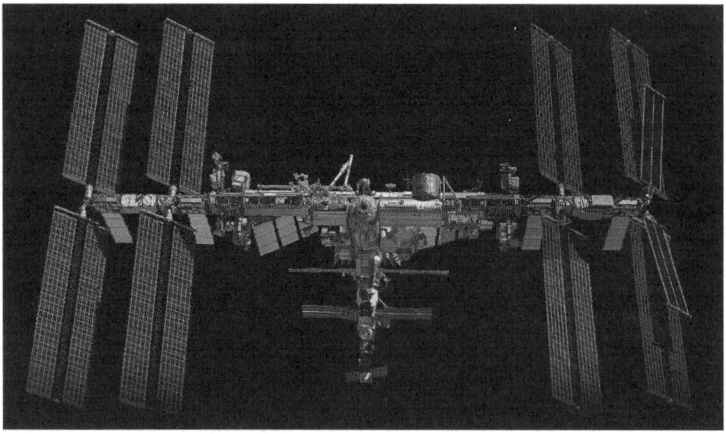

▲圖1-3 2021 年 SpaceX 載人 2 號（SpaceX Crew-2）任務中拍攝的國際太空站，於 1988 年發射，預計在 2031 年退役。
（圖片來源：維基共享資源公有領域。）

械飛行任務已經實現了。大家應該還記得毅力號火星探測器（Perseverance，見下頁圖1-4），美國太空總署的這輛火星漫遊車從地球出發，歷時兩百多天，飛行了四‧七二億公里，於二〇二一年二月十八日登陸火星。

在此之前，還有另外四輛美國太空總署的探測車登陸火星探索：分別是旅居者號（Sojourner）、精神號（Spirit）、機會號（Opportunity）和好奇號（Curiosity，在毅力號之前登陸的好奇號，已於二〇二二年慶祝其火星之旅的十週年）。

同時，中國也不甘示弱：祝融號火星車已於二〇二一年五月二十二日登上火星開始探測。至於歐洲的情況則有些微妙：羅莎琳‧富蘭克林號（Rosalind Franklin）火星探測車，原本應於二〇二二年九月執行生物探索任務。但是，這項與俄羅斯合作進行的計畫，也受到烏克蘭戰爭牽累，至少會推遲好幾年……。

自此，挑戰變得不一樣了：「人類登陸火星是一項非常艱鉅的任務。」羅卡爾如此表示。這項挑戰有許多困難，但它是一個夢想，一個醞釀已久的夢想。而馮‧布朗早已想到這點。

這位德國工程師是不可多得的人才，但也備受爭議：他為納粹政權研發了轟炸倫敦的V2火箭、曾任黨衛軍軍官。二戰結束後受到保護移居美國，於一九五五年正

▲圖1-4 2021年9月10日，看向鏡頭自拍的毅力號探測器，是替人類探索火星的先行者。
（圖片來源：維基共享資源公有領域。）

式成為美國公民；在美國征服太空的過程中，他扮演了關鍵角色。尤其是他研發了「農神五號」運載火箭，成功將人類送上月球。刊載於《十字架報》（*La Croix*）的一篇報導中，他的女兒在談及阿波羅十一號發射任務時說道：「差不多從隔天開始，他就一直在談論登陸火星。」[22]

馮・布朗甚至在很久以前就有這個想法。他在一九五二年出版的《火星計畫》（*The Mars Project*）一書中，闡述了太空人登陸火星的願景：他展現極大的企圖心，打算成立七十人團隊，登上由十艘太空船組成的艦隊。

羅卡爾強調，時隔七十年，載人

飛行任務的夢想「仍然是新聞」。現在馬斯克令這個夢想具體化，在他看來，**星艦是讓人類得以定居鄰近星球的太空船**。在該公司網站上，探險計畫看來已經非常具體了。它明確指出星艦將以每秒七．五公里的速度進入火星大氣層；而數位模擬則顯示了星艦在到達十公里高度後，將如何轉回垂直狀態，像丁丁的火箭一樣垂直降落在火星地面[23]。

表面上看起來很容易，然而其中的挑戰非常艱鉅。首先，不是任何時間都適合出發，必須等待正確的合相（conjunction）。也就是火星離地球最近的時候。雖然它們都圍繞太陽運行，但運動速度並不相同。因此，這兩個行星之間的距離時刻都在變化。

旅程應在兩者距離最近時進行（即小於一億公里），否則當火星和地球位於太陽兩側正面相對時，兩者距離最遠可達四億公里。行星學家富蓋特指出：「最靠近的會合位置，每二十六個月會出現一次。」

22 作者按：https://bit.ly/3vKWWxH。
23 作者按：https://www.spacex.com/humanspaceflight/mars/。

而且，離開地球的時間點必須在會合之前，然後在火星停留到再度與地球相距最近時——這意味著要在火星地表上等待一年半左右。再加上去程和回程各需要六個月，所以**一趟太空旅行估計為時兩年半**。

這是最單純的情況，但也可能有變數，特別是只能在火星上停留一個月的情況。為此，太空船將必須繞到金星，在與金星擦肩而過時，利用金星的引力加速。但由於金星是距離太陽第二近的行星，所接收到的太陽輻射是地球的兩倍，因此還必須考慮到提供太空船適當的隔熱系統。

火星旅行的水儲備也是必須考慮的問題之一。若以每人每天的水消耗量為二十公升，最終估算的總量將構成巨大的載重量。不如採用「灰水」（洗滌、汗水、尿液）和「黑水」（糞便）回收再利用，經過國際太空站數十年的使用經驗，這些回收技術已完全掌握。

冷凍食品能吸收太陽輻射，飽腹又保命

至於太空人呼吸所需的氧氣，工程師們已經非常清楚，如何經由處理身體在呼

吸過程中釋放的二氧化碳來做到這一點。他們利用一種化學裝置盒來抽取火星上的二氧化碳，接著加熱到非常高溫。在這個過程中破壞分子，二氧化碳便會分解成碳和氧。

另一方面，太空航行還有一個重大問題：那就是會暴露在一直充滿輻射的太空真空環境裡。「這些輻射高能粒子，是因為速度或是重力所造成的結果。」富蓋特評論道。這些輻射威脅有兩種不同形態：首先是來自太陽的粒子，特別是在星系爆炸期間，導致釋放的質子噴射出來。

富蓋特接著說：「再加上來自銀河系四面八方的宇宙射線，對太空中的人類也會產生危害，這在地球和火星之間的航程中相當常見。」這些高能粒子實際上會穿透人體，降解[24]細胞的去氧核醣核酸（DNA），甚至可能致癌。羅卡爾則指出：「這關乎人體在未來三十年內，癌症病發的可能性。」一些專家甚至認為，**可能在去程便已達到人體承受輻射劑量的極限**。因此在我們考慮長期的危險之前，還有許多複雜問題要解決。

24編按：把某些物質化學分解成自然元素。

在某些情況下，結果可能更具破壞性。例如在巨大的太陽耀斑（solar flare）期間，所發射的輻射量足以破壞人體中的蛋白質、脂質和ＤＮＡ。它可以在幾天內，甚至更嚴重的話，在短短幾小時內就導致死亡！

太陽活動變化多端，每十一年會特別強烈，並且在此期間有可能發生重大的太陽耀斑。所幸像這樣的太陽強烈爆發活動是可預測的，科學家可以從地球上建立某種太陽氣象預報。

這個想法是為了以後在執行火星任務時，可以向太空人發布警示。如此一來，他們便可以躲在太空船上一處專門為此設計的空間，保護自身安全。這些藏身處的牆壁必須填滿富含氫的材料（氫能夠吸收輻射）。比方說水箱，甚至冷凍食品也行！像這樣的旅程肯定需要儲存大量的冷凍食品。因此，**太空船上的冷凍魚塊成了保命的大功臣**，這就是未來火星征服者的偉大和辛苦之處。

我們得先在月球建立基地

美國太空總署將不會「藉由小行星參與登陸火星」。宇宙中的任何一顆小石頭，都有可能是通往火星的墊腳石；太空總署的工程師曾認真研究，利用小行星載人飛行的可能性。不過最終還是放棄了，他們認為寧可選擇回到……月球。

羅卡爾明確指出：「**我們是為了登上火星才重返月球。**」這個想法是希望在地球的衛星上待上一段時間，然後在那裡一步一步發展所有工具、所有探測車，所有往前躍進一大步所需要的技術，最後再將人類送往火星。

關於中途在月球短暫停留的問題一直有個錯誤觀念，即人們以為從月球表面起飛到火星會很方便。羅卡爾指出：「這麼做並不是很聰明，月球是一個『位能井』（potential well）——我們需要更多能量才能擺脫重力。」

所以，不，**工程師們並不認為月球表面是個合適的出發點**。他們深信，要展開偉大的火星旅程，**從月球軌道出發才是明智之舉**。脫離月球軌道飛向火星所需的能量，比從月球地面起飛要少得多。接下來的問題，是精準調整飛越地球的角度，以便使火箭軌跡做適度轉彎，然後朝向火星前進。

要了解登月的決定，必須先回溯到幾年前。二〇一四年六月，美國國會委託國家科學研究委員會（NRC）製作了一份報告書，名為「探索之路」（Pathway to exploration）。

這份報告資料列出了通往火星路徑的各種選擇。十八個月後，美國太空總署做出一項重大決定：月球門戶太空站（Lunar Gateway）。羅卡爾接著說：「二〇一五年，這項月球軌道設備獲得許可，最初的想法是由十一個模塊組裝成一個相當大型的太空站。可以想見這是極其強大的國際合作設備，有點像國際太空站。」

不料，當選美國總統的川普突然發表言論，大致的意思是：「我對你們的月球門戶計畫沒興趣，我要的是從二〇二四年開始將人類送上月球。」這位共和黨當選人隨後簽署了一項法案，要求美國太空總署準備阿提米絲（Artemis）計畫[25]。這相當於二十一世紀的阿波羅計畫。

美國太空總署因此被打亂了計畫方向，但別無選擇。由於必須聽命於國會和總統，他們不得不接受這項變化，自此將美國太空的努力重心，從月球門戶計畫轉移到阿提米絲計畫。月球太空站的專案項目並未取消，但其範圍明顯縮小。「門戶計畫大為縮水，從十一個項目減至三、四個。」羅卡爾表示。

月球門戶計畫現在包含一個後勤模組，配備大型太陽能板以提供推進和通信所需電力；一個月球居住模組和一個太空船連接模組，以提供到達太空站的太空船停靠。「只有非常簡單基本的功能。」羅卡爾繼續說道。然而，月球門戶太空站還是應該按計畫建立，正如富蓋特強調：「這些合約已經簽了。要讓美國太空總署放棄它，真的需要國會改變政治意向。」

隨著阿提米絲計畫啟動，美國太空總署忙不迭的進入備戰狀態，挑選負責建造小艇「載人著陸系統」（Human Landing System）的廠商。羅卡爾解釋：「這項登月系統是阿提米絲計畫的困難所在，它必須設計出二十一世紀的登月模組（見圖1-5）。」羅卡爾指的是像讓阿波羅太空人能夠在探測車（仍留

▲圖1-5 阿波羅登月小艇（Apollo Lunar Module）。馬斯克會以什麼風格，造出屬於二十一世紀的登月著陸器？
（圖片來源：維基共享資源公有領域。）

25編按：於月球表面建立永久基地，為登陸火星和其他探測任務奠定基礎。

在月球軌道上），和月球地面之間來回穿梭的登月小艇。馬斯克也因此進入了競爭廠商之列。

美國太空總署最初表示，在本次競爭的最後階段將選出兩家廠商。兩家競爭廠商將分別獲得數億美元資金，以便進一步發展各自的想法。這將使美國太空總署能夠進一步評估，以便最終選出最佳設備。

然而，故事並沒有這樣發展。由於國會削減預算，迫使美國太空總署中途改弦易轍，只能略過挑選兩家廠商的中間階段，變成單選一家最中意的廠商。想必大家已經知道了，它就是 SpaceX。

當時所有人都大感意外！沒有人認為馬斯克的公司會勝出，SpaceX 星艦的復古外觀，很可能難以獲得專家青睞。「當你看到它可以垂直停放，以及四十公尺的高度和太空人用的升降梯，那真的是丁丁的火箭。」羅卡爾開玩笑說道。

其競爭對手貝佐斯的藍色起源和動力（Dynetics）公司，則採用比較明智的設計：兩層樓高的模塊，上面有一些幾個臺階的小梯子。然而，遴選委員會最終採用了 SpaceX 的計畫，因為它符合招標說明書規定的三個主要條件。

一、**性能**：根據美國太空總署要求，獲選的載具必須能夠攜帶十噸有效載荷；SpaceX 星艦承諾能夠攜帶重達一百噸的物體。羅卡爾說：「這是一筆絕對可觀的獲益。以這樣的有效載荷能力，執行一次任務，便抵過用十噸有效載荷的火箭執行四、五次任務。」

二、**價格**：SpaceX 的報價較低。獲選後，美國太空總署提撥二十九億美元的預算予 SpaceX；專家估計，其他競爭對手的報價最高可達 SpaceX 的兩倍。

三、**技術完備等級**（Technology Readiness Level）：這點對於所有美國太空總署的招標都非常重要。這是技術成熟度的評分量表，是極其重要的太空觀念，世界各地所有機構都在採用。

羅卡爾說明：「當有人向我們提出技術建議時，我們會要求評鑑該建議的『技術完備等級』來證明其合理性。通常來說，現在的招標中，當技術完備等級低於五時，就表示可能存在重大技術風險。技術風險則意味著潛在的額外成本和延遲。」評鑑等級從一到九，最高數值表示已超過標準；另一種說法是技術風險為零，也就是已經實際可行了。

出發之後，要在太空加油十六次……

就 SpaceX、藍色起源和動力系統公司之間的商業競爭，羅卡爾補充說道：「如果我們只比較技術完備等級，那麼遊戲已經結束。SpaceX 明顯優於其他公司，因為它的測試早就開始。當然有些失敗狀況，但已經實際測試過了，而另外兩家仍在紙上階段。」

綜合性能、成本和技術完備等級這三個理由，再加上國會預算縮減，SpaceX 因此很自然被選為月球探險計畫的廠商。

這個選擇顯然惹怒了貝佐斯。他一狀告到法院，於二〇二一年八月對美國太空總署提起告訴（該訴於同年十一月被駁回）。據藍色起源稱，這起訴訟是：「試圖糾正美國太空總署，在載人著陸系統採購程序中所發現的瑕疵。」同年八月，這位禿頭億萬富翁仍不肯善罷甘休，藍色起源的網站發布了一張圖表，評論 SpaceX 的月球計畫「非常複雜並具有高風險」。

貝佐斯持此論點的理由，主要是 SpaceX 星艦在前往月球途中，必須先在低地球軌道上稍作停留。然而事實是，從地面升空消耗能量非常大，以至於**太空梭達到**

這個高度時，將沒有足夠的能量繼續航程。因此，它必須在那裡補充燃料。根據馬斯克的說法，這種高空加油[26]，是證明其發射效率的有力論證。但要如何加油，如何替星艦的燃料箱填滿推進劑呢？

答案是：登月星艦必須等其他擔任加油機的星艦，進入地球軌道與其會合，其他這些星艦將為登月星艦填滿燃料箱。那麼，大概需要多少枚星艦呢？根據對手亞馬遜老闆發布的資料披露：十六枚！

每一枚負責補充燃料的星艦所乘載的推進劑，只能一部分輸送給在低軌道上的星艦，因為其本身亦需要燃料產生動力，讓自己脫離地球引力。想像一下，每一次輸送量是搭載量的十六分之一，那麼，**加滿將需要發射十六枚星艦**！十六次的發射，意味著起飛升空、對接（amarrage）、推進劑輸送轉移過程中**發生意外的風險也隨之提高為十六倍**。

26 作者按：現在 SpaceX 偏向使用「補充」（refilling）一詞，而非「加油」（refueling），這是為了強調其補充的是推進劑，其中成分將近八〇％實際上是氧氣，以便盡量減少使用甲烷對環境造成的影響。

不過 SpaceX 並沒有證實這一點，海德曼則微笑著說：「這也有可能只是貝佐斯誇大其詞。」[27]

事實是，阿提米絲計畫的重返月球情形似乎過分繁瑣。正如我們所說，第一枚星艦必須首先從地球發射升空，它由兩節組成：第一節超重型推進器，以及第二節太空船星艦——又稱為HLS星艦（Starship Human Landing System），即載人登月系統的星艦太空船，因為它最終必須登陸月球。

當星艦太空船離開地球時，裡面是空的；太空人還不在裡面，他們稍晚才會抵達。到達一定高度時，超重型推進器會把載人登月的星艦太空船，釋放到低地球軌道。然後星艦太空船便會在那裡處於待命狀態，並等待負責補充燃料的星艦到來，為其提供一小部分登月和返回地球所需的推進劑。

接著，第一枚補給星艦返回地球，發射第二枚補給星艦……根據貝佐斯的說法，最多需要發射十六次。

一旦加滿燃料，載人登月系統的星艦太空船就可以出發前往月球。不過它會先在軌道待命……等待什麼呢？當然是**太空人**！他們**將乘坐美國太空總署的重型太空發射系統（SLS）火箭所搭載的獵戶座（Orion）太空艙**[28]**離開地球**。

ＳＬＳ火箭的威力，足以將獵戶座太空艙發射到月球軌道，並與星艦的第二節對接。此時太空人將會從獵戶座轉移到星艦，獵戶座將繼續停留在月球軌道上；而作為月球登陸器的星艦太空船，則會垂直降落在月球。就像丁丁的火箭那樣。一旦在月球的地面任務結束，它將再次起飛，與獵戶座重新對接。接著太空人將再次換乘，這次是從星艦轉移到獵戶座太空艙，最後則由獵戶座太空艙獨自返回地球。

那麼第二節的星艦太空船，最後會怎麼樣呢？噢，它將停留在月球軌道上，就像科幻小說之父儒勒・凡爾納（Jules Verne）《從地球到月球》（*De la Terre à la Lune*）一書中的火箭一樣。也許最後會掉在月球表面，將來可以作為基地使用？

至於「月球門戶太空站」，此時它的作用仍然……完全不清不楚。這個重返月

27 作者按：貝佐斯的論點是否成立？二〇二一年三月，美國太空總署宣布，除了 SpaceX 以外，最後將選擇第二家公司來開發另一款載人登月著陸器。

28 作者按：獵戶座太空艙將在歐洲的協助下，使用歐洲服務艙（European Service Module，或譯作歐洲服務模塊）運作（就像阿波羅以前那樣）歐洲服務艙將提供電力、太陽能板以及推進力，特別是離開月球軌道、返回地球時。

球的場景，實際上可以省去月球軌道的太空站，但也可以整合。火星協會會長菲利浦·克萊蒙（Philippe Clermont）指出：「全看各個參與方的進展速度。如果馬斯克在星艦的開發上進展迅速，便有了完全省去月球門戶太空站的理由。」

我們最快要等到二〇二五年或二〇二六年，才能確定事情發展如何，因為這是此次載人重返月球計畫訂定的時間表，即阿提米絲三號計畫。在這之前，阿提米絲一號和二號，將僅由美國太空總署的ＳＬＳ火箭來完成。

屆時，ＳＬＳ火箭會將獵戶座太空艙運至月球軌道上。而SpaceX 將只參與阿提米絲三號的工作。二〇二二年是關鍵，因為它將標誌ＳＬＳ火箭的首次發射[29]，以及星艦的首次軌道飛行。兩項都已被多次推遲。

SpaceX 方面的延遲，部分是因為等待許可，才能從德克薩斯州的博卡奇卡發射臺發射星艦。這取決於美國聯邦航空總署（ＦＡＡ），它是負責管理和控制美國民航的政府機構。ＦＡＡ擔心一旦發生飛行故障，特別是在發射臺上爆炸，可能會對周圍環境造成影響[30]。

一旦阿提米絲計畫啟動，下一個問題將是如何轉換到火星應用。總有一天，我們將捲起袖子認真幹活，並且宣布：「火星，我們來了！」

火星有水，不過是比水泥還硬的冰

在經典科幻小說《銀河便車指南》一書中，其中一位角色福特・普雷特（Ford Prefect）在瑪格麗特（Margrathea）星球上嘟囔著：「在整個銀河系所有系統、所有行星中，他就正好掉進這個洞裡！連個賣熱狗的都沒看見！」

這是馬斯克喜愛的科幻書籍之一。我們沒必要走出太陽系，去尋找這種人跡罕至的地方。火星也是，它是一個無人區。法國科學家米歇爾・維索（Michel Viso）曾說：「在火星上，沒有任何東西能與地球上的生命相容。」

未來太空人將面臨的重要問題之一是水源。多虧在火星表面長途跋涉的探測車，我們才認識了火星的沙漠景觀特徵。但火星並不是一直都這樣的。如同太陽系中的所有行星，火星有四十五億年的歷史。

29 編按：最終阿提米絲一號成功於二〇二二年十一月十六日發射，獵戶座號順利進入預定軌道。

30 作者按：請參閱航空分析師傑夫・福斯特（Jeff Foust）在雜誌《太空評論》（*The Space Review*）的文章：https://www.thespacereview.com/article/4311/1。

富蓋特解釋：「在最初十億年裡曾經有過幾段時期，火星表面有一些大面積的液態水。」在火星最初的年代，可能短暫存在過河流或湖泊。這位科學院院士接著說：「這段時間可能極為短暫，也許是在撞擊或火山爆發之後的過渡時期。這解釋了我們在地質資料中看到的重要內容，也就是發現火星上有大量的沉積物和嚴重侵蝕的證據。」

但是，可別在腦海中想像火星曾經是一個失落天堂、潮溼的綠洲，因為一場災難事件就令它從此變得乾涸。富蓋特說：「火星的乾旱現象似乎是常態，地表水的消失應該是漸進式的。」但一切都沒有明顯證據。因此，像是火星的氣候機制如何保持溫暖、是否有足夠壓力讓液態水得以存在於表面，至今仍是科學之謎。

如今，各項構成條件已不再齊備。火星表面氣壓只有六毫巴（millibar），而地球約為一千毫巴。現今火星的大氣層非常稀薄，以至於施加在地面上的壓力，並不足以使水以液態形式存在。

火星全球氣候模型顯示，這在一半以上的地區是完全不可能的。即使是在大氣層最厚的深谷中，一杯水直接放在地面上也會快速蒸發。富蓋特鄭重的說：「理論上來說，**在火星表面不太可能發現液態水**；而現在使用的各種不同觀測工具，如**火**

星探測器，也從來沒有讓我們看到任何液態水。」

然而，最近在火星上找到液態水的希望再度被點燃。大家可能還記得，幾年前美國太空總署的一項公告引起了轟動。二〇一五年九月二十八日，該機構宣布，他們觀察到液態水會在火星表面定期出現。

這個不可思議的發現得到《自然地球科學》（*Nature Geoscience*）發表的科學文章支持。當時《科學與未來》雜誌網站上也寫道：「從太空中我們可以看見，這種現象的特徵是在『火星夏季』期間出現一些暗色條紋，稱為循環坡線（RSL）。這段期間溫度會上升至攝氏負二十度～正幾度之間。」[31]

這些痕跡是由火星偵察軌道衛星（Mars Reconnaissance Orbiter）探測器的高解析度成像科學設備（HiRISE）相機所拍攝。富蓋特說：「我們一度認為那是鹽水，含有鹽溶液的液態水。但這個想法後來被推翻。我們現在知道『循環坡線』是一種完全乾燥產生的現象。」

---

31 作者按：請參閱《科學與未來》副主編厄文・勒孔特（Erwan Lecomte）發表的文章：https://bit.ly/3ycExvz。

另一個關於火星可能有液態水的討論，是探測到沖溝（gullies）的情形。大家只要在Google圖片上同時輸入「沖溝」和「火星」，就會發現許多非常壯觀的圖像：它們與溪流造成的地面侵蝕相似程度令人震驚。看起來就像是某些隕坑的一側，遭到侵蝕挖空所致。這位行星學家說：「這些沖溝主要出現在中緯度，面向極點的坡面上。」

這些圖像是很美，美到甚至值得分享到網路上，但外表顯然是會騙人的。現在大多數專家認為，這些沖溝並不是由液態水流動沖刷造成，而是因為乾冰昇華：當固體二氧化碳變成氣體時，便會產生這樣的現象。富蓋特接著補充：「固體的二氧化碳變成氣體時，溫度大約在攝氏零下一百三十五度，這種情況下根本不會有液態水。」雖然仍有少數死硬派堅持沖溝和液態水有關，但他們也認為這種現象今天已不復存在，而是在幾百萬年前發生的事。

假如火星表面有水，那麼只可能以冰的形式存在。而且很多！富蓋特指出，最明顯的是「極地分層沉積物」。換句話說，巨大的冰川在火星兩極形成冰蓋。這些火星極地冰蓋碩大無比：直徑約一千公里，厚達兩至三千公里。火星北極的全景特別壯觀，可看到一大片白色的冰，與大氣相互作用。而在南極，最古老的大型冰川被埋在沉積物下；在某些地方，冰川則處於殘留的乾冰冰蓋之下。

理論上火星會有這麼多水——結成冰的水！但我們還沒有看到火星的冰塊在哪裡。富蓋特解釋：「從中緯度到兩極之間，在地下分布大面積的冰水層，有數公分厚的沙子使其與大氣隔絕。」

二〇〇一年發射的火星奧德賽號（Mars Odyssey）探測器，從火星軌道發現了這些地下礦藏。有鑑於蒐集到的線索，美國太空總署在二〇〇八年決定將鳳凰號（Phoenix）探測器降落在「北方大平原」（Vastitas Borealis）；它很快就確認了在地面下（約幾公分的沙子之下），就是美麗的、幾乎純白色的冰。「某些地方的地下冰層可達幾十公尺厚。」富蓋特說道。

總之，**岩石冰川在火星上任何緯度都有**。如同在地球上，冰川的流動形成了冰磧（moraine）[32]；它們被石礫、沙子和沉積物與大氣隔絕……這一大片冰清楚表示了，**來到火星上，你最好帶著毛衣**。

火星可不溫暖，它與太陽的距離是地球到太陽的一・五倍，其地表每平方公尺

32編按：由於冰川沿途強烈侵蝕構成獨特的沉積地貌。

接收的熱量不及地球接收到的一半。因此，火星的平均溫度比地球要低得多。富蓋特進一步說明：「大部分地區，不論是熱帶地區，甚至中緯度地區，地表溫度在下午超過攝氏零度，到了夜間降至攝氏零下八十度或九十度。這就是火星的典型氣候，且隨著季節變化。」

火星如同地球，有四個季節變換，也是沿著傾斜的轉軸自轉；火星的傾斜角為二五．二度，地球為二三．四四度。

由於地球圍繞太陽的軌道幾乎為圓形，因此每個季節的持續時間大致相等。至於火星，其圍繞太陽的軌道明顯更為橢圓形。導致其南半球在春季和夏季時，會比北半球在春季和夏季時更接近太陽。

這帶來的結果是：夏季時南極接收的太陽能比北極多了將近五〇%；南半球的平均氣溫比較溫暖。同樣由於火星軌道離心率，火星在離太陽最近的期間，繞太陽的公轉速度更快。所以實際上火星上的四季長短並不一致，南半球的春季和夏季，比北半球的春季和夏季更短些。

我們觀測到**從白天到夜晚，氣溫會急劇下降大約攝氏一百度**。而這同樣可以用大氣的低密度來解釋：**火星的大氣密度確實太低，低到無法吸收白天的熱量**，等到晚上再將其重新分配到地表。

火星的低大氣密度，也影響這顆紅色星球的另一個標誌性特徵：那就是風暴。在雷利．史考特（Ridley Scott）的電影《絕地救援》（*The Martian*）中，火星的風暴看起來超級驚人；在現實裡，其風速通常會達到超過一百公里／小時（大約是揚塵的門檻）。但太空人不會有太大感覺，因為火星空氣的密度比地球低一百倍。富蓋特解釋：「不過，風會揚起大量礦物塵埃，而這會引發塵暴，如果我們待在裡面，幾乎伸手不見五指。」

部分太空人設備會由太陽能板提供能量，對它而言，**火星沙塵暴的確是一大威脅**。二〇一八年，美國太空總署發送到火星的洞察號（InSight）探測器，其任務是透過記錄地震波來研究火星內部結構，由於該探測器的太陽能板被沙塵籠罩，因此很可能在二〇二二年便停止運作。

此外，如果這些礦物顆粒以超過每小時一百公里的速度噴射，所形成的噴砂可能足以侵蝕太空人基地。「微米級的灰塵根本算不上是沙粒。電影《絕地救援》裡看到的碎石飛揚影像，和現實完全不一樣。」富蓋特感到有趣的說。

火星上的風力不會強到像麥特．戴蒙（Matt Damon）在《絕地救援》中那樣摔倒。不過，它可能會讓一些比較輕的物體飛走，比方說傳輸用的天線……將來搬到火星時，請小心你的帽子！

在太空生活，比疫情封城更痛苦

向火星前進！火星運動開始了，人類即將實現探索紅色星球。「美國太空總署想去火星，國會和白宮也是。**在美國，有一個真正的跨黨派共識，那就是將人類送上火星。**」羅卡爾評論道。我們是否在重演冷戰？政治環境確實是一個決定性因素。中國對太空的遠大抱負讓美國擔憂，雖然現今美國人占了先機，但如果沉睡在勝利者的美夢，很可能就會被超越。

「二〇二一年六月，在莫斯科舉行的全球太空探索會議（Global Space Exploration Conference）[33]上，中國國有企業『中國運載火箭技術研究院』院長宣布，中國計畫最快在二〇三三年將太空人送上火星，引起了轟動。」火星協會會長克萊蒙說道。

這個日期可信嗎？二〇二一年十二月二十九日的《南華早報》，引述中國航天計畫負責人的話，並指出：「北京與俄羅斯合作在月球上建造科研站的時間表，更可能實現。」該月球站計畫最快在二〇二七年完成建造開始運作，比原先預定時間提前了八年[34]。

從科學的角度來看，人類出現在火星上將開啟輝煌的前景。克萊蒙簡要的說：「人類地質學家可以在一天內，完成機器人要花三個月才完成的工作。」對於單靠機器無法完成工作，富蓋特也想到許多實際例子：「例如，鑽探到地下幾公里深。這麼做或許能找到液態水體。在地球上，一些細菌會寄宿在這類型的結構中。火星上會不會也是同樣情形呢？」[35]

這位科學家明確指出，依他的觀點，**單純科學研究不能成為火星之旅的理由**：「我相當讚賞的一件事情是，我們的文明在優先考慮其他問題，例如對抗貧困和疾病或保護地球的同時，可以進行如此非凡的探索；今日美國太空總署和歐洲太空總署的預算，也幾乎來到新高。」

---

33 作者按：全球太空探索會議的相關新聞，詳見：https://bit.ly/39GrJDu。

34 作者按：該基地在最初階段無人居住，參閱網址：https://tinyurl.com/3da4u6e4。

35 作者按：在二〇二一年一月《科學與未來》Twitch 頻道上播出的採訪中，富蓋特也提到這種情況，請參閱：https://tinyurl.com/yc2br5p3

至於「為什麼人類要探索火星？」羅卡爾的答覆引用了登山專家喬治·馬洛里（George Mallory）的名言，當被問及為何想要攀登聖母峰時，他回答：「因為它就在那裡！」

但是人類要如何在這種惡劣的環境中生存？火星大氣基本上由二氧化碳組成，沒有氧氣。首先，我們需要一個呼吸面罩，而且由於低氣壓，任何外出活動都絕對需要穿著太空服。

維索進一步說明：「我們可以將探險隊員送上火星，然後生活在密封緊閉的火星站，類似南極洲的康宏科學考察站（Concordia）。隊員們可以在任務時期、在有限的期間內，利用太空人從地球帶來的食物和設備在那裡居留。還可以透過站內裝置系統，就地生產一些食物與回收利用。」

這方面實驗已經在國際太空站進行；這也是二〇一五年，國際太空站植蔬生長系統面臨的挑戰。這種**培育室能夠種植出萵苣、花卉甚至甘藍**！太空人已經品嘗過其中一些新鮮蔬菜，雖然稱不上豪華大餐，但已經算是好的起步了。

為登陸火星所做的訓練，也包括**在地球上進行模擬探索**。這是模擬在類似於火星的環境中生活，或重現進入太空的長距離旅程。

為了執行一項稱為「火星五〇〇」（Mars500）的任務，包括來自法國的歐洲太空總署工程師羅曼・查爾斯（Romain Charles）在內的六人，在模擬太空站中閉關生活了五百二十天。該模擬太空站位在莫斯科生物醫學問題研究所（IBMP）裡，實驗設施占地五百五十平方公尺。

為了更接近火星探索的情境，美國太空總署還資助進行「夏威夷太空探索仿真與模擬計畫」（HI-SEAS）的「仿真」任務。這些任務在夏威夷的火山環境中進行，以便模擬火星環境。二〇一五年八月至二〇一六年八月期間，太空總署進行了第四次模擬計畫，替太空人完成了準備在火星地表度過一年的培訓。

在美國，著名的火星協會也於猶他州沙漠建立自己的火星基地，稱作「火星沙漠研究站」（MDRS），設立地點多岩石且崎嶇不平，色調呈現為紅色和棕色，讓人一看就感覺像是火星。

這個研究站離最近的醫院要幾個小時車程，令人感到徹底遺世獨立。該基地包括幾處建築物和相關設施；首先要提的是馬斯克天文臺（Musk Observatory），也就是由 SpaceX 資助的太陽觀測站：這又是一個顯示馬斯克和火星協會創始人祖布林之間關係密切的證據。

火星沙漠研究站的各個模塊之間以管狀隧道按類別銜接，當中有一個用來進行各項化學和地質實驗的圓形屋頂科學站、一個用於種植植物的溫室，甚至還有一個圓柱形結構，提供那些「實習」太空人休息用。

二〇二二年三月，我和其中兩位實習太空人聊天，他們都是法國人，分別是馬莉昂・伯尼尚（Marion Burnichon）和弗朗索瓦・維內（François Vinet），他們剛剛從「地球上的火星」回來。

第一位是馬莉昂，二十四歲，剛從法國高等航太學院（ISAE-SUPAERO）畢業，現任職於低軌道衛星巨行星系製造商 OneWeb[36]；第二位是弗朗索瓦，二十一歲，在瑞典皇家理工學院（KTH）完成工程、物理雙學位，同時也在土魯斯理工學院接受培訓。該校與火星協會建立合作關係成效斐然，每年會派出一批法國學生前往猶他州基地[37]。

二〇二二年二月，馬莉昂、弗朗索瓦與另外四位同學自願參加實驗。他們充滿意志力並滿懷熱情。年輕的女工程師馬莉昂說：「這是讓自己成為太空人的一個機會。我希望將來有一天能在太空機構工作、研究太空問題，這次的模擬任務是很棒的體驗，讓我可以了解這類探索過程的感受。」

像火星沙漠研究站這樣的實驗室，的確是模擬火星的理想環境。他們每次外出活動都必須穿著全套工作服。但它並不完全和太空衣一樣，而是模仿複製，附有一個大背包和太空人頭盔。還是學生的弗朗索瓦指出：「這套裝備不是密封的，外面的風和空氣可以透進來；工作服也沒有加熱和加壓系統。更重要的是它非常笨重且不方便，會降低我們的能見度，讓我們所處的環境更接近未來的火星探險者。」

因此，在猶他州所設計的任務，目的是讓參與者處於類似太空人將在火星上經歷的壓力狀態，並在有關「人為因素」方面大量實驗。這些實驗可以提供對團體的動態、工作關係和士氣起伏的研究。弗朗索瓦說：「我們可以在傳統實驗室中不可能具備的條件下，評估太空探索的心理層面。」**即使你在新冠肺炎疫情期間體驗過封城的艱困，我可以告訴你，這裡絕對更加痛苦……。**

36 作者按：OneWeb 是 SpaceX 的競爭服務廠商，受到俄羅斯在烏克蘭發動戰爭的影響，原定二〇二二年三月初，從哈薩克的拜科努爾（Baïkonour）發射臺發射新軌道衛星的計畫被取消了。

37 作者按：學生的旅程亦由火星協會法國分會贊助。

火星沙漠研究站還可以進行非常具體的測試。像是探險者已經在火星土壤（複製品）中種植生長了大豆——非常理想的太空探索植物，因為它富含蛋白質，而且與生產肉類相比，所需要的水分很少。它是由美國太空總署噴氣推進實驗室（Jet Propulsion Laboratory），從探測車的觀測結果而生產出來。

這種大豆種植利用了由一家法國初創公司，從尿液製成的特殊肥料進行優化耕作。馬莉昂評論道：「它的效果真的很好，使用這種肥料對大豆植物的生長速度產生了明顯差異。」

雖然火星探險的條件要求很高，但仍使這兩個年輕人眼神發亮、嚮往不已。這是「馬斯克」效應嗎？馬莉昂表示同意：「我認為他是一位重要人物。當有個具備足夠創造力和想像力的人說出：『我要去做這件事，不但快速還要便宜，此外，我們將登陸火星！』這實在太好了。使整個太空產業節奏變得更快、更靈活。自從馬斯克出現，太空產業恢復生機，這是一件很棒的事。」

不可否認，這位 SpaceX 的創建者，為太空冒險帶來了一股樂觀風潮，新生代對此特別讚賞。即便，正如馬莉昂和弗朗索瓦表露的，這位億萬富翁對我們自己星球的災難缺乏責任感，令大家感到心灰意冷。「我覺得他的一些項目違背當今注重氣候變遷的現實情況。以他的天賦，他或許可以開發更多對地球有用的事物……。」弗朗索瓦如此說道。

只要有兩萬美元，人人都能移民火星

馬斯克的腦袋時刻都在想著火星計畫，雖然他的承諾一直反反覆覆（但這也說明了他壓縮時間表的作風），甚至搭配製造了一些看起來只是噱頭的媒體熱潮。

二〇一六年，沃克斯媒體公司（Vox Media）在加州為新創科技舉辦年度代碼會議（Code Conference）[38]，馬斯克在會中宣布：「火星殖民可望在未來十年內展開。」並順便預告幾週後的第六十七屆國際宇航大會（IAC），他將說明更多細節。該會訂於同年九月，在墨西哥瓜達拉哈拉（Guadalajara）舉行。

法國戰略研究基金會（fondation pour la recherche stratégique）主任、太空專家澤維爾・帕斯科（Xavier Pasco），在法國文化廣播電臺（France Culture）的《科學

38作者按：會議內容請見：https://tinyurl.com/2p97v6eb。

方法》（*La Méthode scientifique*）節目中說，馬斯克在那裡受到搖滾明星般的熱烈歡迎：「幾千名墨西哥的年輕人在等著他，有些人甚至前一天晚上就到他要發表演講的大廳。演講訂在下午一點舉行，警察甚至必須疏散群眾、淨空大廳；當門打開時，所有人都急著衝到舞臺前！」帕斯科詢問這些粉絲為何早上十點就來？他們的答案很簡單：「我們想看他！」

馬斯克的粉絲們也沒有失望。二〇一六年九月二十七日，在墨西哥大會上，他大談宇宙主義，揭示了著名的承諾：「讓人類成為多行星物種」。接著公開宣布，他計畫建造一個性能超越農神五號的火箭。

這枚有史以來最強大的運載火箭，就是後來的星艦。馬斯克要打造一艘能夠將貨物和乘客運送到火星，進行「不可思議冒險」的宇宙飛船，他沒有避談其中的危險，並且向大眾說道：「死亡的風險很高，這是很明顯的。但最大問題是：『你準備好要死了嗎？』如果答案是肯定的，那麼你就是出發的候選人。」

他同時宣布，任何一個夢想定居火星的人都可以參加這個旅程，**並不僅限於超級富豪**：「如果票價是每人一百億美元，我們就不可能創造一個自給自足的文明。我們的目標是將門票降低到美國的平均房屋成本，也就是大約兩萬美元。」[39]

然而，當時火星上的故事才剛開始。一年後，二〇一七年九月二十九日在澳洲阿得雷德（Adelaide）舉行的國際宇航大會，馬斯克表現得更加能言善道。他認為最快在二〇二二年，至少有兩艘星艦可以登陸火星[40]，其任務是找到水源並運送足夠的基礎設施，以確保人類在這種惡劣環境中能夠生存，並在二〇二四年迎接第一批被送上火星的太空人。

同時在該次大會上，他還進一步說明：「未來星艦可提供往返地球兩端的旅途飛行；可以想像曼谷到杜拜或東京到新德里，只要三十分鐘便可抵達。」

不過，真實時間又一次打敗「馬斯克時間」。因為在二〇二二年，火星探險仍未啟動。是新冠肺炎危機的關係嗎？事實上，我們現在知道了，這位企業家永遠有更多的想法；二〇一九年三月二十六日，他又在推特上表示「最快在二〇五〇年建立一個自給自足的火星城市」。

若根據二〇二〇年一月十七日連發的一系列推文，我們可以推估到二〇五〇

39 作者按：請參閱勒孔特於《科學與未來》網站的文章：https:// bit.ly/38TpH2m。

40 編按：截至二〇二三年二月都尚未實現。星鑑－二四～星鑑－三〇仍在組裝、測試階段。

年，SpaceX將至少將把一百萬地球人送上火星。要達成這個目標，每年建造的星艦必須至少達一百枚，如此才能保持每天三次發射的瘋狂速度，讓所有想在火星上試試運氣的人都能登陸，尤其是「在火星上，會有很多工作！」馬斯克如是大肆宣揚。

搭乘高科技火箭，回到穴居生活

這樣的情景簡直太過瘋狂……維索苦笑著說：「這些都是富裕國家有錢人天馬行空的幻想。」這位外星生物學家也解釋：「不過，我們也不能妄加斷言。巴拿馬運河曾經是不可能的，登陸月球旅行曾經也是不可能的……然而我們都做到了。但關於火星的一些事情，依我看，目前是完全不可能。」

羅卡爾說：「**探索與殖民不同**，探索是在火星上待一段時間然後離開，而**馬斯克承諾的殖民化意思是『單程旅行』**。**在我看來，這完全是烏托邦式的空想**，因為你將必須像阿波羅號的太空人當初在月球上那樣，在火星上生活。換句話說，你得一直穿著太空服和坐在加壓車裡。」

人們在火星上確實不可能生活在露天環境，或感受風吹著頭髮和雨打在臉上的感覺。而且那裡的空氣還必須在封閉的艙內轉換，才能成為與我們人類有機體相容的大氣。

克萊蒙指出，防護屋的設計目的在於保護定居者，不要受到宇宙輻射的傷害，他提醒：「即使我們在火星上接收到的輻射比在太空中少，人們仍應謹慎防範宇宙輻射。」

太空人將被迫生活在洞穴中，面對穴居命運的威脅；克萊蒙建議，挖掘洞穴建造住屋時，應帶有天窗設計，讓居住者仍然可以按照太陽的節奏生活。

還有重要資源的使用問題——水。當然，我們已經知道它只以冰的形式存在於火星。但是在攝氏零下八十度或零下九十度的低溫下，那可不像你加在威士忌裡的冰塊，而是像混凝土！光靠捲起袖子來鑿它是不夠的。

那麼，其他各種原物料呢？「在我開會時，我經常拿出手機來問這個問題：『我們如何在火星上製造手機？』」羅卡爾表示。

當然，火星礦物的金屬含量可能相當豐富，富蓋特指出：「有不少的氧化鐵、氧化鋁……鐵隕石也堆積在火星地表。可能沒有充足到可以打造重工業，但我們仍然可以設法使用。」

但這樣夠用嗎？我們應該把地球的珍貴材料帶去那裡嗎？維索接著說：「製造電網需要銅。銅在地球上已經面臨短缺了。五十年或一個世紀後，情況會更糟。要我們**用自己的資源去裝備未來可能的殖民地，等於是在掠奪地球。**」

為了住在火星而使地球蒼白失血，多麼可悲的諷刺；就像擔心撞到牆，又猛踩油門。為了推動火星殖民，馬斯克發展出一套新的論點：「地球會變得很糟，糟到我們別無選擇，只能去別的地方。」

博納爾說：「按照他在推特上所寫，馬斯克似乎對地球上的人類未來感到非常悲觀。」例如在二〇二一年十一月二十四日，這位億萬富翁在推特上發文說：「地球至今約有四十五億年的歷史，但人類仍然還沒有成為跨星球生存的物種，也極不確定我們還剩多少時間成為跨星球生存的物種。」

如此看來，馬斯克似乎對聯合國前祕書長潘基文所說的名言持相反觀點。在二〇一四年「紐約氣候週」期間，潘基文說：「關於氣候問題沒有B計畫，因為我們沒有B星球。」B星球，是指火星嗎？

為了推銷這個想法，馬斯克套用了一個老舊的遠大夢想，即「外星環境地球化」（terraformation，又譯地形改造）。也就是說將火星環境轉化，讓它成為適合人們生活的星球。

身為科幻小說迷，馬斯克清楚「地球化」計畫是因為美國作家金・史丹利・羅賓遜（Kim Stanley Robinson）的「火星三部曲」小說系列，分別為《紅火星》（*Red Mars*）、《綠火星》（*Green Mars*）和《藍火星》（*Blue Mars*）而變得廣為人知。

古斯塔夫艾菲爾大學教授朗格勒說：「這是文學上的地球化大循環。它發展了幾個世紀，隨著到火星居住、殖民和逐步地球化的過程演進。例如硬核科幻作家金・史丹利・羅賓遜，他的小說裡不斷援引科學和工程知識；同時他是一位想要寫出積極樂觀科幻小說的作者，這並不是反烏托邦，也不會滋長後末日論文學和虛構浪潮。」

但是，實際在火星上要如何成真呢？有幾種情況，最常被提及的是融化極地冰蓋，產生水蒸氣和二氧化碳使大氣層增厚，並增加溫室效應，再產生足夠的壓力，便能使水以液態存在於火星地表。

寫在紙上是很吸引人……「但完全是幻想。」羅卡爾總結道。甚至富蓋特也看法一致：「一九九〇年代由極少數研究人員所提出的理論，後來已被完全推翻。我們現在知道，沒有任何氣體可以用來增厚火星的大氣層。這根本不可能。」

為了使火星地球化順利進行，還必須使整個星球變成一樣溫暖。「如果我把某處加熱，而另一處很冷，那麼因為大氣層局部加熱而轉變成氣態的物質，就會前往溫度最冷的地方並再次凝結，」維索解釋道：「要讓熱度一致相同，需要耗費許多能量，就技術而言，我認為現在完全不可能做到。」

不過，為了推動火星運動，馬斯克確實有一個建議：何不把核彈送到那裡呢？他提出這個權宜之計，當然，是在推特上。二〇一九年八月十六日，他推文寫道：「核彈火星！」（即向火星投擲核彈）其實是舊話重提。

二〇一五年在美國電視節目《荷伯報到》（*The Late Show with Stephen Colbert*）[41]中，馬斯克已經談過這事；羅卡爾委婉轉的評論：「這是很不道德的。」富蓋特也開玩笑說道：「在大氣中散布放射元素，在我看來，這種玩法簡直是瘋了。我認為這只是玩笑話，但如果他真不知情，我希望有人告訴他。」

曾經有一個批評馬斯克計畫的獨特聲音，馬斯克應該相當清楚；那就是前面提到的科幻作家羅賓遜。他於二〇一六年在彭博社發表此結論[42]：「馬斯克的火星計畫堪稱一九二〇年代科幻小說的過時陳腔濫調，」同時特別指出：「重要的是，**認**

為火星將成為人類的救生艇，這個想法是錯誤的！無論是在實際意義上還是在道德意義上。」不過，要澆熄馬斯克的熱情，可能還需要更多的批評聲音。

41 作者按：這讓馬斯克被主持人荷伯以開玩笑的方式稱為「超級惡棍」。荷伯在CBS播出的這段採訪中，用了東尼・史塔克作為比喻。該片段連結：https://bit.ly/3FqTFHd。

42 作者按：https://reurl.cc/qkaD40。

4 有人可以出來指揮一下太空的交通嗎？

衛星時代來臨至今已超過六十年了。然而對於馬斯克的時間表來說，六十年簡直像是永恆那麼久！一九五七年，第一顆人造衛星發射到太空。十月四日，就在發射的當天，人造衛星在太空發出了第一聲傳奇的「嗶嗶」音效。這是一場革命，《紐約時報》（*The New York Times*）在數年後甚至稱之為「高科技版偷襲珍珠港」（A Technological Pearl Harbor）[43]。

這顆衛星是直徑五十八公分、重八十三公斤的小球體，豎立著四根天線，為前蘇聯震驚世人之作（見圖1-6）。前蘇聯透過在地球軌道上放置操作設備，發送地面可測得的無線電信號，展示了在太空領域的強大技術進步。

當時正處冷戰時期，此舉深深刺痛了美國人的愛國情操，還伴隨著國際屈辱。因此，山姆大叔卯足全力投入月球競賽。一九六九年七月二十一日，阿姆斯壯終於

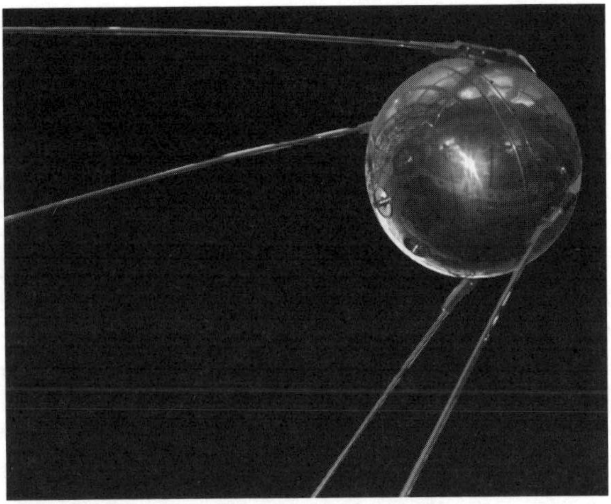

▲圖1-6 世界上第一顆衛星「史普尼克一號」（Sputnik-1），開啟美、蘇兩國持續二十多年的太空競賽。
（圖片來源：維基共享資源公有領域。）

在月球表面邁出了第一步。

簡言之，這顆衛星讓人類寫下了征服太空的第一頁，從此開始進入新的千禧年。俄羅斯入侵烏克蘭，顯然會使地緣政治重新洗牌，但在入侵爆發之前，經濟戰已經取代冷戰開打了：**圍繞地球旋轉的衛星數量呈指數增長，**便是徵兆之一；估計約有四千顆衛星正在運行，這還沒有加上數量保密的軍用衛星。無論如何，總數比這個數字還多，因為即使

43 作者按：一九七一年七月二十三日《紐約時報》，記者詹姆斯・巴克利（James L. Buckley）發表了此文章：https://nyti.ms/3LQYCLP。

是失效的衛星，也依然留在軌道上。

法國科研中心巴黎天文臺（l'Observatoire de Paris）的研究主任、天體物理學家法布里斯．莫特茲（Fabrice Mottez）說：「如果把正在運作和已經失效的所有衛星納入計算，應該有將近九千顆。大家可能很驚訝，竟然有這麼一大群衛星在我們頭上盤旋。專家們很久以前就在擔心廢棄的衛星將會釀成災害；工程師們則認為，一旦衛星進入太空，就將永遠留在那裡了。」

莫特茲接著說：「在二十世紀末，軌道擁擠的問題還非常抽象，許多衛星在幾個世紀內或幾千年內，都不會掉下來，因為它們所處的高度很高；這項缺點一直持續到一九九〇年代。這好比大海幾十年來，都被當作所有塑膠袋的垃圾桶，事到如今才變成人們努力保護的聖地。在太空中沒有人會聽到喇叭聲，然而，現在我們卻不得不談及交通阻塞的問題。」

太空變得擁擠是一件令人憂心的問題，淘汰的衛星也並非造成地球外圍超載的唯一原因。還有數量龐大的太空垃圾！根據科學家們統計總數不下於十萬件！一堆亂七八糟的螺栓、金屬板、天線和火箭殘骸……確實成了在寂靜太空中漂浮的大雜燴，它們會永遠繞著地球旋轉。而且，這只包括超過十公分的廢棄物體，還有許多雷達無法觀測到的微小太空垃圾。

總而言之，無論是否仍在運作，總共有九千顆衛星，以及十萬件以上超過十公分長的碎片，漂浮在地球周圍[44]。著名的史普尼克人造衛星並未計入其中，它在一九五八年一月四日墜入地球大氣層時，因與空氣摩擦而燒毀了。這些衛星和殘骸在地球軌道周圍，以封閉曲線的週期性軌跡，圍繞地球運行。

任職於波爾多大學的天文物理學家尚・巴蒂斯特・馬凱特（Jean-Baptiste Marquette）評論道：「事實上這是一種永久性的墜落，就像你在花園裡扔一顆小石子，它會先以拋物線飛出去，然後才墜落地面。」衛星看起來也是在飛行，**但它們永遠只會掉落在地球周圍，受重力牽引而圍繞著地球**。

衛星能持續旋轉，是因為火箭將衛星空投放入軌道時的速度所致。這只能在與

44 作者按：根據法國太空研究中心的太空殘骸專家皮耶・奧馬利（Pierre Omaly），在二〇二三年四月提供給我的估算數量：大約有三萬六千五百個十公分以上的大型物體漂浮在太空中。其中，兩萬五千五百三十八個物體已經記載並編入目錄（八千四百九十一顆衛星、兩千兩百八十七個發射器、一萬四千五百一十七件碎片）。以統計法估計，一公分以上的碎片有一百萬件，一公釐以上的碎片有一・三億件。

地球大氣層沒有摩擦的情況下進行，也是衛星必須被放置在大氣層之上的原因。

由於地球大氣層的最高極限是海拔一百公里，所以離我們最近的低軌道衛星，一般高度約在海拔幾百公里。例如，大家熟知的國際太空站，即位於約海拔三百七十公里處，它是一個太空實驗室，也是國際合作良性成果的榜樣[45]。在這種高度，環繞地球一周僅僅需要一個半小時。

軌道越高，衛星移動速度就越慢；在海拔三萬六千公里的高度時，衛星的轉動速度與地球相同。處於此高度的衛星便被稱為「地球同步衛星」（geosynchronous satellite），因為從地面觀察，它們看起來就像固定在高空某個定點靜止不動。

從這個制高點，衛星俯瞰我們星球的視野特別廣闊：它可以「看到」最廣的地球表面。這也是地球同步軌道（geostationary orbit），長期被電視、廣播和電信衛星使用的原因。

但現在，網路業者開始投資近地軌道衛星。實際上馬斯克也已將目光投向於此，安裝由 SpaceX 公司製造、發射和管理的奈米衛星組成的巨型星座，也就是透過低軌道衛星群，提供覆蓋全球的高速網路存取服務的星鏈計畫。有了這樣的網路，**從撒哈拉的綠洲到北極因努伊特人的冰屋**，再到迷失於大西洋中的帆船，**所有**

人都可以進入這個「全球資訊網」，而它也終於得以落實這個稱號。

SpaceX目標：全球網路覆蓋率一〇〇%

SpaceX已著手進行將星鏈網路的衛星星座[46]，發射到高度五百五十公里的低地球軌道上。截至二〇二一年初，SpaceX已布署一千八百個低軌道衛星。衛星總數因此將達九千顆。也就是說，在太空壅塞問題上，當前計算的數量級將會至少提高一個級別。

莫特茲說：「數量級暫時尚未修改，但是以後會更糟糕。當星鏈運作時，地球

45 作者按：國際太空站是世界許多太空機構合力工作的具體成果，包括十一個歐洲國家透過歐洲太空總署參與，當然還有美國太空總署、俄羅斯航太署、日本宇宙航空研究開發機構（ＪＡＸＡ）、巴西太空總署（ＡＥＢ）以及加拿大太空局（ＡＳＣ）等。

46 編按：Satellite constellation，亦稱衛星星系，是由許多顆人造衛星共同運作形成的系統。與單顆衛星不同，衛星星座可以提供永久性的全球覆蓋網，所以在任何時候、地球上任何地方，都至少有一顆衛星可以傳輸資訊。

軌道上衛星數量將增加一倍以上。」因為實際上星鏈計畫部署的龐大衛星星座，至少擁有一萬兩千顆運作中的活躍衛星。

在太空已經不堪重負的狀態下，這還只是基本數目而已，因為馬斯克似乎想要做得更大，而非僅止於一萬兩千顆衛星。實際上連計數器都不免驚恐，估計衛星的數量可能達到……四萬兩千顆！莫特茲表示：「這不是謠言，這是SpaceX公司向美國監管機構申請授權發射的原因。」也就是說，他們向監管無線電通訊、電視、衛星通信等的美國聯邦通信委員會（Federal Communications Commission，簡稱FCC）申請授權發射。

FCC確實在二〇一九年四月，批准了SpaceX的第一批一萬兩千顆衛星投放。同年十月，SpaceX另外增加三萬顆衛星的申請批准，FCC隨後將申請轉發給國際電信聯盟（International Telecommunication Union），即在國際層級管理這方面申請的聯合國機構[47]。

如果這些數字是可信的，那麼圍繞地球運行的衛星數量，到了本世紀末可能會增為四倍以上。但至此，馬斯克的意圖仍然不明。這份關於四萬兩千顆衛星的授權申請，實際上可能包括「備用衛星」，即準備用來替換故障衛星所用。在低軌道上的衛星，更新率確實很高。它們在通過殘餘的大氣層時，不斷遭受輕微摩擦，會加速它們墜落的機率。

莫特茲接著說：「換句話說，星鏈的衛星星座押注在『一次性使用』。這是馬斯克引導的革命之一：因為他，**衛星世界正在改變標準**。以前太空設備要求完美；因為以堅實和牢固為重，必須通過所有最嚴格的測試，技術也跟著落後了十年。而**馬斯克正好相反，他的目標不在於經久耐用。**」

大規模生產是現代化工業的一種方法。衛星的內部結構會不會因為一個要命的故障就無法運作？會不會突然失效了？若是如此，那就加把勁，直接換上新的！「這些衛星每一顆的使用壽命最多只有兩到三年。因此，為使星鏈衛星星座正常運作，一顆衛星必須在十年或十二年內更換三次。」這將導致該公司申請批准的衛星數量，是實際需求的三倍。「不過，這是個人推斷，因為關於如此基本的事情，他們不會對外發布消息。」莫特茲再次強調。

早在二〇一八年九月，星鏈的兩顆試驗性的衛星丁丁－A（Tintin-A）和丁

---

47 作者按：請參閱 SpaceNews 的相關文章：https://tinyurl.com/b7f2pdpd。

丁－B（Tintin-B），已由自家的火箭獵鷹九號搭載送入軌道（二〇一九年一月，馬斯克在推特上說自己「愛極了」這位前額上方翹起一撮頭髮的主角丁丁）。

不到一年後，星鏈衛星星座首批六十顆衛星進入太空。這些衛星相當小，稱為「微衛星」，重量不到兩百三十公斤，尺寸像一臺洗衣機。它們的數量一直在增加，當你看到這裡時，軌道上可能已經有超過一千八百顆了[48]。到了二〇二五年，這個巨大的衛星星座，將會達到一萬兩千顆衛星的目標[49]。

一旦這些衛星，全數被投放到離地面五百五十公里的高度時，它們將會占據七十二個軌道平面。

大家可以先想像一下：在未來的任何時刻、任何地方，我們的頭頂上隨時都會有星鏈衛星發射的訊息。**馬斯克的目標是全球網路覆蓋率一〇〇%；即使是地球上最偏僻的地方，也能享受高速的網際網路服務**。

有了這種從天而降的無線網路，傳統的有線網路就變成過時了……這種說法可能很吸引人。因為，先別說夢想在聖母峰觀看 YouTube 影片，許多農村地區，幾乎都沒有良好的上網速度。現在這個問題，比起以往任何時候更加緊迫：隨著疫情大流行和遠程辦公的爆炸式增長，數位沙漠引發的種種難題將變得無法忍受。

SpaceX 避免依賴地面上的大型基礎建設，從而不會受到地理條件限制。無須跨越大海、無須繞過高山。無論海嘯、颶風或地震，**任何自然災害都不會影響它的網路服務**。

其中一個具體例子就是在二〇二二年一月中旬，南太平洋的洪加東加－洪加哈派火山（Hunga Tonga–Hunga Ha'apai）噴發，造成東加群島相當大的損失。由於海底電纜被沖斷，該群島的網路也斷線。因此，對災情的最初估計是在斷斷續續中緩慢進行，主要透過偵察機飛行視察。

SpaceX 得知消息後，便供居民免費使用星鏈衛星網路服務，直到電纜修復為止。東加總理表示：「在一月十五日之前，馬斯克可能對東加了解不多，然而他依

48 作者按：馬斯克在二〇二二年一月十五日的推文中寫道：一千四百六十九顆活躍的星鏈衛星，還有兩百七十二顆即將進入運行軌道。參閱網址：https://bit.ly/3ydlaT6。

49 作者按：還有另一條寫於二〇二三年三月二十九日的推文，馬斯克斯克承諾衛星群將在「十八個月內」達到四萬兩千顆衛星，即二〇二三年底：https://tinyurl.com/2hd9w9xb。

然慷慨相助。」[50]

這位億萬富翁在烏克蘭也做了同樣的舉動：在烏克蘭副總理米哈伊洛・費多羅夫（Mykhailo Fedorov）的直接要求下，馬斯克向這個被俄羅斯入侵的國家，運送了星鏈衛星的連接套件。

除了每個網路訂閱用戶都需要的連接套件之外（稍後我們再詳談），**星鏈**還需要地面基礎設施，但**不用到處設置地面站**，在全球範圍內僅需百餘座天線。這些設備是衛星和網際網路之間的連接點。

「地面站會透過光纖連接到網路伺服器。這是必要的過程，因為太空中沒有伺服器。」法國戰略研究基金會的太空安全、創新和高科技問題專家保羅・沃爾（Paul Wohrer）如此評論道。

它們還能用於管理軌道設備。假設太空中的衛星需要更新軟體，那麼就必須從地面站發送數據，而這透過天線就可以做到。SpaceX 原先計畫在法國大都市設置地面站，並安裝三座天線：分別是在法國北部的格拉沃利訥（Gravelines）、芒什省（Manche）的聖瑟涅德伯夫龍（Saint-Senier-de-Beuvron）以及吉倫特省（Gironde）的維勒納沃多農（Villenave d'Ornon）。

雖然前兩個提案被市政府否決，但第三座天線已經建立完成。該地面站坐落於私人土地上，球體外形的八個天線極具特色。而且該計畫並沒有經過市政討論，反對派市議員雅尼克・布托（Yannick Boutot，左翼激進黨）表示，直到天線安裝完畢後他才發現：「據市長說，由於建築許可證合乎標準，沒理由反對它。」

那麼，大家可能認為SpaceX會支付維勒納沃多農一些費用，因為它在該市安裝了天線，但市議員指出，情況並非如此。他們沒有收到一分一毫補貼……。

星鏈將會提供超高速的寬頻服務：傳輸速率約三〇〇Mbps，也就是說，比法國標準的極高速度門檻值還快十倍！部分原因是微衛星被投放在低軌道上，星鏈計畫可以「又快又猛」進行。

在地球和太空之間，低軌道衛星信號傳輸路徑比同步衛星短。同步衛星位於地球上空三萬六千公里處，反應較慢，需要更高的信號強度。其信號傳輸延遲時間在七百到八百毫秒左右——大概就是你在螢幕上點擊一下，到其刷新之間必須等待的

50 作者按：請參閱路透社文章：https://www.reuters.com/world/asia-pacific/musks-starlink-connects-remote-tonga-villages-still-cut-off-after-tsunami-2022-02-23/。

時間。使用星鏈，傳輸延遲會大幅下降到二十五至三十五毫秒。在瘋狂追求速度的二十一世紀，這是強而有力的商機[51]。

星鏈衛星網路現在已經可供使用，它在世界不同地區提供服務。首先是服務美國和加拿大，而法國電子通訊與郵政管理局（ARCEP）也已經授予許可，自二〇二一年五月起可在法國訂閱使用[52]。

此外，就實際情況來說，星鏈衛星網路該如何使用？首先，必須知道星鏈衛星網路服務仍處於測試版本，也就是說尚未完全運作。用戶必須購買一個包含天線在內的設備安裝於家中。這要花費五百多歐元，再加上每月約一百歐元的訂閱費。

若想看看天線設備長什麼模樣，只須在YouTube上搜尋，便有許多開箱影片。你會發現它的天線是完全平的，最早的版本是圓形（直徑約六十公分），現在釋出的新款呈現長方形（長五十公分、寬三十公分），用戶必須將這個專用天線，安裝在房子或車庫的屋頂上。

如同向日葵對天空的傾角會隨著太陽軌跡而變化，天線也是沿其軸線移動保持對準衛星。透過這種對應關係，建立了網際網路連結。然而衛星之間相互通訊所使用的無線電波段，與地面通訊不同；星鏈新一代衛星還配備了雷射傳輸數據，以光脈衝形式編碼，便可以用更快的速度「交談」。

「**這是將光纖原理改用於太空。**」沃爾評論道。在地球上的另一端，別的用戶是藉著自己的小型天線直接連接到衛星，才得以進行通訊聯繫。

夜空中最亮的星……衛星

「是時候解散亞馬遜了。壟斷是不對的。」這則不懷好意的推文，是馬斯克於二〇二〇年六月時發布，矛頭對準亞馬遜老闆貝佐斯，也是這位 SpaceX 創辦人認

51作者按：二〇二二年四月，一位法國的星鏈用戶告訴我：「信號接收速度可以達到二〇〇Mbps。但發送速度變化很大，一下三〇Mbps，一下又變成二〇〇Mbps。」至於觀察到的延遲約為三十五到四十毫秒，他說使用體驗很不錯，並指出：「設備非常穩定，令人不覺得是在跟外太空通訊。」

52作者按：二〇二二年四月初又發生了戲劇性轉變。法國最高行政法院推翻了電子通訊與郵政管理局的決定，該局原於二〇二一年二月九日，授權星鏈使用兩個頻段傳輸，以連接其衛星和法國的星鏈用戶。但現在，星鏈在頑強不可對抗的法國人這裡陷入了困境，不過能持續多長時間呢？

定的頭號敵人。

這則推文已被點讚超過三萬次，然而對方沒有做出回應。不過可以看出，兩個億萬富翁已經宣戰。由電子商務成為世界首富（在馬斯克還不是首富的那幾年）的科技巨頭貝佐斯，也進軍了太空產業。為此，貝佐斯將自己的零用錢——每年十億美元——投資在他的藍色起源公司，直接與 SpaceX 較勁。

貝佐斯和馬斯克因此在一個龐大計畫中正面交鋒：那就是向太空發射數千顆衛星，用以建置衛星星座。兩人各自透過 Kuiper（Amazon 子公司）和星鏈計畫，聲稱要讓地球上每個人在任何地方都能連接網路。但請注意，**世界各地都在發展相同的計畫**。

先前提到的 OneWeb 網路，是由英國政府、法國的歐洲通信衛星公司，以及印度跨國企業巴帝（Bharti）公司共組的企業聯盟；俄羅斯也在布局自己的網路，中國亦是如此。

顯而易見的，如果**巨型星座成倍增加，衛星將會更為氾濫**。這是很大的浪費，因為如果世界各國和企業家，能夠決定共同合作而不是相互競爭，天空中的衛星必然會少很多……。

有一句諺語叫做：「鞋匠總是最不會好好穿鞋的人。」總是昂首闊步又善於全方位溝通的馬斯克，鮮少對星鏈計畫做出詳細解釋，還真是令人意外。

莫特茲是《天文學》（*L'Astronomie*）雜誌的主編，該雜誌是為天空愛好者（包括專業和業餘天文學家）所創立[53]。「我曾收到一些讀者來信，他們因為聽說了星鏈計畫而感到憂心。」他回憶道。

不得不說，天文界目前處於戒備狀態，對過去那些夠瘋狂的計畫餘悸猶存。例如，二〇一八年一月紐西蘭公司「火箭實驗室」（Rocket Lab），將直徑一公尺、形狀像舞池鏡面反光球的衛星送入軌道；其閃耀的亮光宛如千盞明燈，用肉眼就可從地面看到它。據該計畫發起人彼得・貝克（Peter Beck）說，這顆稱作「人類之星」（Humanity Star）的衛星，是來提醒地球上的所有觀測者，人類在宇宙中所占的脆弱地位……[54]「我當時寫了一篇社論，譴責這項計畫的荒謬。因為這些雜散光

53 作者按：《天文學》主要銷售對象是業餘天文學家，可在報攤購買，亦可訂閱。其編輯團隊由志願者組成。科學新聞的文章由專業天文學家執筆，觀測類的文章則由業餘天文學家撰寫。該雜誌的目標是促進業餘和專業天文學家之間的交流。

54 作者按：「人類之星」原定壽命一年，但最終在兩個月後，因墜入地球大氣層而毀滅。

會干擾夜空觀測，對天文物理學造成危害！」莫特茲繼續說道。

這正是對星鏈衛星的批評。它們一點也不低調。**它們會形成許多光點，在晚上時大量汙染星空觀測**。天文學教授馬凱特說：「它們在傍晚和黎明時特別顯眼。要理解這一點，可以把地球想像成一個被蠟燭照亮的柳橙。面向燭火的半球是明亮的，而另一半球，則被黑暗籠罩。同樣的，地球上背對太陽的一面就是黑夜；但不會一直持續，因為地球會自轉。因此，黎明是地球上處於明暗交界處的邊緣地帶，即將從黑暗轉向明亮。到了黃昏，轉變方向相反，從明亮轉向黑暗。

「在更高的天空中，衛星遵循同樣的運動，但會產生延遲。夜晚時，在已經陷入黑暗的垂直點上，馬斯克的衛星擁有足夠高度，所以依然被恆星照亮，但地面卻不再被照亮。因此，從地球上可以看見這些衛星反射著太陽光。在黃昏時，現象相同只是方向相反。」

夜幕降臨時，星鏈衛星會在天空中閃閃發光。另一個能見度極高的時刻，是在發射過程中。幾十顆衛星被裝載在 SpaceX 的火箭頭，在到達低軌道之前全數投放。結果就是一大群衛星形成一系列光點，一個接著一個排隊。這一串衛星的光點「列車」就像夜空中的標籤。

天文學家賽勒西斯說：「每一個光點在黑夜中都超級顯眼。可說是和木星一樣亮，幾乎要就金星一樣！」這位科學家難以忘記第一次看到衛星的光點列車劃過天際時的景象，他說：「我感覺快要喘不過氣來，雙腿都在發抖。」

但他其實早有心理準備。所有屬於非軍事性質的衛星發射，在發射前都必須公開宣告。當賽勒西斯聽說 SpaceX 即將發射星鏈的新衛星，在天文物理學界引起一片譁然時，他準備去見證這個現象。用他自己的眼睛，想看清楚到底發生了什麼事。「我去到現場就是為了看它，然而當衛星列車飛越天空時，我對自己說：『這不可能！』」

他的同事馬凱特也有同樣的驚訝反應。他瞪大眼睛告訴我，當時他在花園裡，光點列車從他頭上經過，他完全沒有料到這種情況：「那個場景相當可怕。不常觀測天空的人，會以為這是電影《ＩＤ４星際終結者》（*Independence Day*）。」

星鏈的衛星星座，的確讓很多人想起外星人入侵。賽勒西斯也回憶道：「我甚至還被邀請到法國電視三臺（France 3）去講解這個現象，讓那些對幽浮驚聲尖叫的民眾放心。」

賽勒西斯強調，不用雙筒望遠鏡就可以看到這樣的景象：「不只是肉眼可見，還極為醒目。」這是問題的關鍵之一：從古至今，凝視夜空沉思是人類共有的日常活動，如今因為馬斯克的創舉，就應該把它埋藏在回憶裡了嗎？這件事使天文物理學家感到駭人。賽勒西斯表示：「我們認為，這件事令人震驚，因為它觸及了神聖不可侵犯的事物。」

馬凱特也同意這項說法。他提到維勒納沃多農市的反對派市議員雅尼克，曾向他請教科學問題，因為星鏈的地面天線就安裝在該市。當時他用了一個比喻來說明自己的看法：「讓每個人都能上網是值得讚許的目標。但是為了提供一個德克薩斯州的農民網際網路服務，有人要求你讓他在自家花園裡開闢一條高速公路。你家門戶大開還要跟他說謝謝。星鏈就是這樣。**一個私人企業卻控制人類共同的利益。**」

這畫面苦澀又諷刺，讓人想起《銀河便車指南》的故事——馬斯克信仰的書籍之一——外星人為了興建一條太空高速公路，不惜摧毀地球。星鏈的案子被提交到新亞奎丹大區（Nouvelle-Aquitaine）的委員會，雅尼克的黨團在會中提出建議：「保護天文觀測和太空研究，反對建立衛星星座。」但該大區議員們沒有投票贊成，雅尼克則遺憾的說：「大家對這個問題缺乏了解也不感興趣。」

在衛星發射時，視覺干擾會特別明顯。不過，一旦衛星被投放到運行軌道上，其能見度就會下降。SpaceX 在其衛星星座的專屬網站上表示，星鏈衛星的「視星等」[55]可以達到七，也就是說肉眼不可見[56]。

莫特茲提出評論：「對於一般人詩意情懷的凝視星空，這沒問題；當你抬頭看著天空，不會赫然出現一條星光高速公路。但只要使用望遠鏡，視覺干擾就會立刻出現。」

這句話也令馬凱特大發牢騷：「肉眼？但我們可不是用肉眼觀測！」以天文物理學家使用的望遠鏡來說，七等星的亮度實際上極為明亮。事實上，連最尖端的天文觀測設備，都可能受到星鏈影響。

以薇拉．魯賓天文臺（Vera C. Rubin Observatory）為例，該天文臺原名大型綜合巡天望遠鏡（Large Synoptic Survey Telescope），目前正於智利北部建造中，預計在二〇二三年中進行第一次觀測。

---

55 譯按：apparent magnitude，從地球上觀察星體亮度的度量。

56 作者按：視星等的第幾等是肉眼可見的極限？當你有一雙好眼睛，且在一個非常美麗的鄉村，答案是六等。在巴黎，四等。當望遠鏡視野中出現了一顆視星等為七的星體，那麼環繞該星的周圍，將會有一大片區域無法探索。（即視星等級愈低，亮度愈亮。）

它配備了一面直徑八公尺的巨大鏡子，可以在三天內觀察整個天空。莫特茲說：「據他們估計，將來拍攝的圖像，其中三〇%都會出現至少一顆星鏈衛星。」也就是說，望遠鏡掃描天空的比例範圍越大，衛星闖入其視野的可能性就越大。

在專業天文學家的領域，他們通常只會專注於某個特定範圍，所以很少有計畫項目會受到影響。但對於像薇拉．魯賓這類大型天文臺來說，受到的干擾就會影響重大。該天文臺配備了高精度相機，星鏈衛星的低視星等，很可能會帶來災難。

面對科學研究遭受的危害，天文學家發聲了。在世界各地，抗議和請願如火如荼進行。特別是薇拉．魯賓天文臺的團隊聯繫了SpaceX，希望將損害降至最低。

法國科學研究中心研究員及「未來天文臺相機焦平面」（plan focal de la caméra du futur observatoire）科學協調員皮耶．安提洛格斯（Pierre Antilogus）證實了這項交流：「這是在薇拉．魯賓天文臺的『大家長』托尼．泰森（Tony Tyson）的倡議下進行的。」泰森來自美國，是暗物質和暗能量專家，目前擔任遠鏡科學主任。

此番磋商讓馬斯克將一部分星鏈衛星的外殼塗成暗色，以及安裝一種遮陽板，如此它們反射的太陽光就能減少。安提洛格斯繼續說道：「情況稍有改善，最初他們的設計讓夜空像是在表演煙火秀，肉眼便可看見，不過這些衛星仍然是薇拉．魯賓天文臺的主要干擾源。」

莫特茲補充：「另一方面，天文物理學家從都沒有得到星鏈的衛星平面圖。換句話說，他們透露的唯一資料，是網路幾乎隨處可見的圖片！天文物理學家沒有其他資訊了。就只是一些導航和配置的通則。」

據估計，星鏈一顆衛星的太陽能電池板面積不到三十平方公尺，研究人員為了填補星鏈的解釋漏洞，只得進行逆向工程。也就是，他們得先觀察天空中的衛星，然後再從它們的亮度去推斷形狀。

面對天體物理學家的爭論，馬斯克一開始對待這些專家態度傲慢，就像他在《千萬別抬頭》中的化身彼得。他首先用一條推文簡短回答：「除非很仔細看，否則任何人都不會看到星鏈，它對天文研究幾乎毫無影響。」[57]

但是，從二〇一九年五月二十七日發了這條推文後，這位億萬富翁重新思考了這個問題；如今，**SpaceX 承認星鏈造成光害**。馬斯克保證願意解決這個問題，並在星鏈官網上解釋：「我們強烈肯定……人人都可以享受自然夜空的重要性，這就

57 作者按：https://bit.ly/3P2lhpu。

是為什麼我們已經與全球頂尖天文學家合作，以便更了解他們的觀測需求，以及我們可以進行的技術修改，以降低衛星亮度。」[58]

賽勒西斯則指出：「暗色塗層和遮陽板是不是有點太遲了？畢竟從一開始，衛星就不需要反射光線。」事實證明，他們的通訊天線實在是太亮了！

不過在此要替 SpaceX 說句公道話，其實這並非首次衛星意外的對地球人眨眼睛；在此之前發生過「銥星閃光」（Iridium flashs），「銥衛星星座」是專門用於電話的通信衛星網路，銥衛星運行在地球低軌道上，但接近極地軌道。當這些衛星群執行從北極到南極的軌跡，即從地球的光照區移動到黑暗區時，就會呈現亮光閃爍的樣子。

星鏈的光害說明了**馬斯克「既成事實」的做事方式：他不問任何人的意見就去做**。「而且快速！」賽勒西斯大聲說道，他仍然感到吃驚：「然而他還幸運的得到相關重要機構的支持，頒發給他必要的授權許可。」

確實，若沒有美國聯邦通信委員會及其國際對應組織國際電信聯盟，馬斯克的衛星便無權發射。這個放行的綠燈引發了問題，如果星鏈的巨型星座在光學領域造成混亂，那麼**在無線電頻率方面亦會如此**。同時也有干擾科學研究的風險。

5G網路，可能會讓天氣預報越來越不準

平方公里陣列天文臺（Square Kilometre Array Observatory，簡稱ＳＫＡ）即將成為世界上觀察來自太空無線電波的最先進科學設備。其策略傳播部門（Strategic Communications Division）主任威廉．加尼耶（William Garnier）解釋道：「就無線電天文學的科技水準而言，ＳＫＡ將在望遠鏡的潛力和能力方面，提供大幅改善和技術躍進。」

電波望遠鏡的首次測量，預計最快在二〇二七年後進行，由於兩個天線場一個在南非，另一個在澳洲，將能夠以非常寬的頻段（大約五十兆赫和二十吉赫之間）掃描天空。這些陸地區域有時會選在非常偏遠，但於地球上相對容易到達的地方，以避免人類活動產生的電磁干擾。

「容納望遠鏡的澳洲站位於居住人口僅百餘人，土地面積如同一個荷蘭大小的

58作者按：星鏈衛星群官網上設立的專欄之一，請參閱：https://tinyurl.com/2kf377mu。

地區。」加尼耶解釋道[59]。一切都要謹慎小心，因為沒有任何東西能逃過如此敏感的儀器。在澳洲就曾有過著名的帕克斯（Parkes）電波望遠鏡案例，在十七年間連續接收到一種神祕訊號，最後發現它來自……微波爐！

現在的難題是，星鏈網路發射的頻段就在ＳＫＡ工作的頻段內，而且還更寬得多。加尼耶接著說：「我們估算過，以六千四百顆衛星來說，我們在這個頻段的觀測時間必須增加七〇％，才能彌補這些衛星干擾所帶來的負面影響。」

這是一個不可逆轉的制約因素嗎？這位科學組織的發言人想要安定人心，於是說道：「對於這個問題，我們從一開始就採取了全面做法，我們相信與這些巨型星座運營商對話是解決方案的一部分。」（畢竟，也不是只有馬斯克一家營運商！）

加尼耶表示「合作頗有成效」，甚至概略敘述了可能減少干擾的技術解決方案：「運營商在了解我們天線的確切位置後，可以開發演算法或稍微修改軟體，使他們的衛星在飛越這些地點時，不會直接指向我們的望遠鏡。這種簡單的修改可以使每顆衛星的影響減少十倍，將科學損失減至最小。」

還有一個問題：**國際電信聯盟在處理馬斯克相關事務時，是否過於輕率行事？**該組織是聯合國的附屬機構，被視為頻率管理方面的國際合作良性典範，而頻率是一種有限的、高度競用的共有物。套用其中一位受訪者所說的話：「這和國際法律的細節有關。」

在此情況下，**國際電信聯盟優先考慮的仍是商業而非科學**。這也是有前例可循的。實際上，二〇一九年年底由國際電信聯盟主辦，在埃及沙姆沙伊赫（Charm el-Cheikh）舉行的世界無線電通信大會期間，也做出了類似決定。

主要是關於在二十六吉赫頻段使用5G天線的問題。這與大氣排放水蒸氣的頻段非常接近，過於危險；因此包括觀測衛星、無線電探空儀、飛機或雷達，都會仔細掃描該頻段的大氣層，以提供天氣預報的數據資料。還有，正如二〇一九年四月，《自然》科學雜誌提出的警告，**如果將5G安裝在相同頻率上，將可能使天氣預報準確度下降三〇%左右**。

埃及的大氣研究專家，因此懇求明確區隔氣象用途和5G系統的頻率。但他們

59 作者按：如同世界上其他進行無線電天文活動的地區，這些地區受益於國家的特別立法，授予當地免於受其他任何無線電干擾的保護。這類地區被稱為無線電靜區（Radio Quiet Zones）。

的請求無人理會。歐洲中期天氣預報中心（ECMWF）[60]則回應道：「看到歷史重演，科學被其他社會壓力打敗，令人驚訝又沮喪。」

隨著巨型星座擴散，清理衛星傳輸頻率的問題將會不斷增加。這是致命的傷害，**每個頻段位置都會變得非常珍貴**。這種情況可能會引發其他技術問題，例如混附發射（spurious emission）[61]，以及難以計數、令人擔憂的副作用。

某些頻段使用者的資料無法公開，例如軍用衛星必須保有機密性。天體物理學博士穆斯塔法・梅夫塔（Mustapha Meftah）指出：「有些可能會在一般人使用的頻率上傳輸，這便會產生干擾。」

大家應該已經了解，無線電頻率是各方爭奪的核心。莫特茲笑著說：「讓我告訴你一件趣事，法國楠賽（Nançay）無線電天文臺，幾十年來一直是無線電頻率的安全保護區。科學家們已經商議好，某些頻段將被保留使用。

「換句話說，全世界各地都在使用的頻段，不會出現在楠賽空中。這些協議可以讓科學家清楚觀察天空。所以在楠賽，有一些天線是專門用來檢查協議是否被嚴格遵守。也就是說，這些天線不是做為天文學用途，而是聽背景噪音。然而，那些無線電天文學的朋友經常向我報告有狀況，這很可能是軍方造成的。」

明日將有衛星墜落，小心下「鋁」！

星鏈造成光害、無線電頻率擁擠，還有在我們頭頂上的太空無政府狀態，到處充斥著正在運作和報廢的衛星、火箭殘骸與各種碎片，使太空開始看起來像一條垃圾高速公路。二〇二二年三月四日，某個來路不明的物體撞擊月球，已經清楚說明了目前的嚴重情況。

這起事件真是錯綜複雜。起初認為是SpaceX火箭的一部分，即馬斯克公司在二〇一五年使用的發射器第二節，當時是為了將一顆地球氣候觀測衛星送入軌道，該衛星名為「深太空氣候觀測站」（Deep Space Climate Observatory）。但經過專家重新檢視，最後確認那是中國火箭的殘骸；然而遭北京當局否認。

美國天文學家比爾・格雷（Bill Gray）在事發前幾週便已計算出這次撞擊。在法新社蒐集的證據報告中，他的同事喬納森・麥克道爾（Jonathan McDowell）指

60 作者按：https://bit.ly/385lEjm。
61 編按：指於發射必要頻帶寬度外產生的輻射或頻率，會使其強度減低，但不影響訊息發送。

出：「過去沒有人在意遺留在遙遠太空的垃圾將何去何從，不過現在是開始規範的時候了。」

誠如梅夫塔所見證的，低軌道已經變得非常擁擠。二〇二一年一月二十四日，他的太空觀測站大氣實驗室（Laboratoire atmosphéres, observations spatiales）已將UVSQ-SA奈米衛星建置於低軌道。這顆奈米衛星是用來觀察地球及其恆星，目的為蒐集地球能量失衡的數據，因為這些數據將影響氣候變化[62]。他說：「一年內，我們大約收到了二十次的撞擊警報。」而這需要各種不同的操作，才能避免撞擊發生。

有人可以出來指揮交通嗎？像是北美防空司令部（North American Aerospace Defense Command），或一些可以監視領空、太空的國家組織或團體。

在國際層面，聯合國也有一個致力於外太空和平用途的委員會，稱作「聯合國和平利用外太空委員會」（COPUOS）。二〇二二年二月，巨型星座引起的無線電和光汙染問題，首次成為會議桌上的討論主題。

這個問題直到現在才被列入聯合國議程，一切只是為了喚起人人擁有「黑暗而平靜的天空」的權利[63]，這是該倡議背後的三個科學組織SKA、歐洲南方天文臺

（ESO）和國際天文學聯合會，以及向委員會提交並支持該決議、關注太空永續利用，並更嚴格監管的所有國家的第一次勝利。與此同時，美國太空總署也表態，警告星鏈和巨型星座引起的軌道擁塞問題。

關於太空問題也存在各種不同的多邊條約。其中最重要的是一九六七年的太空條約[64]，其特別規定：「月球和其他星球，必須用於和平目的。」該條款還提到，各國政府應對自己國家在太空進行的所有活動負責。因此，美國政府很可能必須為私人業者的行為負責，如SpaceX。事實上，**馬斯克造成的低軌道擁塞，美國政府也是同謀！**

當衛星脫離軌道落入地球大氣層時，會產生高溫並因此燃燒消失。這種模式似乎很神奇，物體就這樣瓦解，像魔杖一揮就不見了！顯然，情況並非如此。

---

62 作者按：請參閱《研究》（*La Recherche*）雜誌第五六四期西爾維．魯阿特（Sylvie Rouat）發表的文章〈法國奈米衛星升空精研氣候〉。

63 作者按：關於倡導「黑暗而平靜的天空」，請參閱我在《科學與未來》網站上的文章：https://bit.ly/39Gtalm。

64 編按：《外太空條約》（*Outer Space Treaty*）。

正如近代化學之父拉瓦節（Lavoisier）所說：「沒有任何東西消失，也沒有任何東西被創造。一切都只是能量轉換。」燒毀的衛星殘骸，會在大氣層中如雨般傾瀉而下。這正是加拿大雷吉那大學（University of Regina）天文物理學家薩曼莎・勞勒（Samantha Lawler），在新聞網站「對話」（The Conversation）中所描述的。

薩曼莎寫道：「由於衛星主要由鋁合金組成，有可能形成氧化鋁顆粒在高層大氣中蒸發，這會破壞臭氧層並造成全球溫度變化。」其可能釀成的災難情況，需要更進一步的詳盡分析，這位科學家還指出：「這個問題尚未被深入研究，因為低地球軌道現在不受任何環境法規約束。」[65]

醫生在線上救災，星鏈能辦到

無線、高速、超低延遲的數位網路是趨勢所在，也就是5G的最佳賣點。二〇一九年二月，在西班牙巴塞隆納舉行的世界行動通訊大會（MWC）上，其即時性透過首次遠程監控手術展示。在〇・〇一秒的微小延遲中，安東尼奧・德・萊西（Antonio de Lacy）醫生在會議現場，為一個正在進行腸道腫瘤手術的外科團隊提供建議。而這項手術，在距離會場五公里之遙的巴塞隆納外科醫院進行！

馬斯克從空中發射的網路不是5G。儘管如此，據這位企業家說，這兩種網路可以互補。他在二〇二一年的世界行動通訊大會中說過，並確認了這一點，他用視訊講了三十分鐘：**「星鏈要填補5G與光纖之間的空間。」**[66]

至於能作為什麼用途？用在醫療情境應該很具吸引力。它可能會顛覆二十一世紀的醫療技術。想像某地因為發生了自然災害而被摧毀的情境。由於**衛星網路不依賴（很少）地面基礎設施，所以仍能繼續正常運作**。如此一來，**醫生即使不在災難現場，也可以透過線上方式協助受傷的災民**。

星鏈網路是否也能做到？其官網強調了「執行過去衛星網路無法實現的高速傳輸」的可能性。也就是觀看視訊串流、視訊通話，還可以玩線上遊戲。肯定深受遊戲玩家喜愛。

那麼軍隊呢？他們會用操縱控制器來駕駛無人機，這種操作需要對命令做出即

---

65 作者按：https://bit.ly/37jiHuPP。

66 作者按：https://bit.ly/3OYD2qO。

時反應。然而，這些論點都不可能讓全球一萬名專業天文學家，以及數百萬業餘愛好者放心，他們仍然擔心星鏈勢力日益擴張。

未來的情況可能很混亂，因為衛星星座也可以是研究人員的最佳盟友。它可以促進科學研究。「利用衛星監測海洋，是個很不錯的方法。」法國科學研究中心濱海自由城海洋學實驗室（laboratoire d'océanographie de Villefranche-sur-Mer）研究主任赫維・克勞斯特（Hervé Claustre）如此表示。

事實上，過去在太空軌道上已經有專門觀測海洋的衛星了，例如歐洲哨兵六號（Copernicus Sentinel-6）。但它們還有改善空間：「仍然有一些區域每隔三到五天才會被觀測到一次，如果頻率能更高，例如每隔一、兩個小時便覆蓋一次，那麼將會帶來非常有趣的科學成就。」這位科學家繼續說道。這種近乎即時的監測，正是集結成群的衛星可以達到的目標。

衛星星座的另一個優點：使觀測設備與科學實驗室之間的連接更佳。以克勞斯特參與歐洲精煉任務（Refine Project）所使用的剖面探測浮標（profiling float）為例。這些剖面探測浮標是一種真正的機器人，於二〇二二年五月被放入海洋，內裝有傳感器和人工智能，負責研究一百至一千公尺深的浮游動物遷移。這是一個非常重要的現象，它可以**協助了解關於調節氣候變化的生物泵**（pompe biologique）[67]。[68]

那麼，剖面探測浮標蒐集到的數據，又是如何發送給科學家呢？答案是，透過簡訊！克勞斯特說：「我們沒有足夠的頻寬來接收更大的檔案，例如照片。但有了衛星星座，頻寬將增加，並提升蒐集資訊的效益。」

這位海洋學家繼續說：「能夠處理更多的訊息，就能替我們開闢更多科學途徑。例如研究在海洋中錄下的聲音，我們可以藉此更加了解人為噪音汙染。」

SpaceX 使人類進入太空變得更容易，創造了不同的情況，意味著並非所有事情都是非黑即白。研究地球氣候的專家們深信，**建立衛星星座是必需的，但必須用於科學目的**。

梅夫塔表示：「巨型星座也有相當巨大的利益和效用。衛星星座將可為我們提供更佳的時間重訪[69]和空間分辨率[70]。這使我們能夠**繪製更精確的地球地圖**，更深

---

67 編按：又稱生物傳遞，以生物或生物行為為動力，將碳元素從大氣運送到海洋。

68 作者按：請參閱我在《科學與未來》的文章：〈四個機器人挑戰海洋「暮光之城」〉（*4 robots à l'assaut de la "Twilight zone" des océans*）。

69 編按：衛星對同一地點相鄰兩次觀測的時間間隔。

入觀察、理解，以及提供我們工具採取更適當的行動。」這個概念是建立一個地球的數位雙胞胎，作為「根據不同參數，顯示地球的即時變化」的工具。

此外，太空觀測站大氣實驗室使用SpaceX的服務，將凡爾賽．聖昆廷恩伊夫林大學（Université de Versailles-Saint-Quentin-en-Yvelines）營運的奈米衛星UVSQ-SAT送入太空。這顆衛星從二〇二一年一月二十四日起在軌道上運行，重量一．三公斤、尺寸如同魔術方塊大小，說明了它被稱為「奈米衛星」的理由。

每一天，它都會記錄地球或其磁場反射的太陽輻射，自運作以來記錄了超過一千萬筆數據。這些訊息的檢索由太空觀測站大氣實驗室負責，並將一部分的數據處理分包給ACRI-ST衛星分析專業公司，該公司的科學總監名叫安托萬．曼金（Antoine Mangin）。

這家擁有三十年歷史的法國公司，總部位於濱海阿爾卑斯省的索菲亞科技園（Sophia-Antipolis），多年來一直參與新太空新創產業。曼金說：「我承認，一開始我很懷疑。我覺得新太空就是把汽車送入太空之類的搞笑故事，」他笑著繼續說：「現在我改變看法了。」

曼金說他現在已經被「這個不可思議的故事征服，說明了奈米衛星也可以完成大型機構的任務，例如哥白尼計畫（Copernicus Programme）那類的重大專案。」[71]他認為新太空使得進入太空變得民主化，拜其所賜，如今任何實驗室都可以在低軌道部署奈米衛星。

然而，實際程序仍然複雜；使用SpaceX服務將一個奈米衛星送入太空，和在亞馬遜訂購一本書可不一樣！「你必須填很多資料，還要提供文件證明我們已經獲得政府授權許可將衛星送入太空，協議非常嚴格。」梅夫塔舉了先前UVSQ-SAT奈米衛星的例子。價格呢？「大約十萬歐元。」

曼金接著說道：「即使必須填寫大量管理規章、法律和保險的文件……從今以後人人都可以發射衛星，實驗室從現在開始可以進入太空了。」梅夫塔補充說：「但公家機構還是比較容易將太空系統送入軌道。」此外，出現了一個新現象：對於重大的太空任務，大型機構以前都仰賴那些大得像汽車一樣的衛星群，現在開始有了奈米衛星的小型計畫提供支援，他們非常看好。

70 編按：地球表面物體的詳細程度。
71 作者按：歐盟的哥白尼計畫透過衛星網路進行，由歐洲太空總署運營的哨兵系列衛星群組成，負責繪測地球狀態（如地球的海洋、農田、大氣層……）。

曼金繼續說：「我們剛剛向法國太空研究中心提出新計畫，是關於一個奈米衛星，它能夠觀察對水產養殖有害的有毒藻類，大量繁殖的波長特徵。這個想法是利用該奈米衛星，補充哥白尼計畫的大型歐洲衛星哨兵二號的觀測。這是一項協作工作；也就是說，如果奈米衛星在地球表面檢測到可疑元素，另一個大型衛星就可以從上面聚焦觀測。」

倘若沒有新太空，這個計畫不可能成立。曼金非常興奮，最後說道：「我認為馬斯克已經讓事情朝正確方向發展。」但旋即補充表示，他也很清楚這對天文物理學和天文學造成的損害：「尼斯天文臺（Nice Observatory）的所有同事都和我談過這件事。」

這些「為科學和人類服務」（依照梅夫塔的說法）的衛星星座，最多只有幾百個，比星鏈衛星星座少得多。此外，太空觀測站大氣實驗室早在UVSQ-SAT奈米衛星首次於太空亮相的前一年，就已宣布準備發射第二顆奈米衛星，名為INSPIRE-SAT7，預計在二〇二三年一月送入軌道。這個重三公斤的小寶貝專用於觀測氣候變量，將與前述的衛星協同工作。這種以兩顆衛星互相搭配的測試方式，是負責觀測地球的奈米衛星星座的理想方法。

第2章

「是哪條物理定律阻止我這樣做？」

1

這個全電動汽車品牌，馬斯克非「生父」

漫畫《佐格魯布的佐》（*Z comme Zorglub*），可能是《斯皮魯和方大炯歷險記》（*Spirou et Fantasio*）[1]系列裡最精采的冒險故事之一。《佐格魯布的佐》是該系列在一九六一年推出的連載漫畫，由傑出的比利時漫畫藝術家安德烈·弗朗坎（André Franquin）繪製插圖，並由才華同樣出眾的米歇爾·雷尼耶（Michel Régnier，筆名格雷格〔Greg〕）編寫劇本。

漫畫內容描述了科學家佐格魯布，使用月球作為投影螢幕來投放廣告[2]。喜愛門僮男孩[3]的讀者，肯定會想到聯想到馬斯克，這回換成是他利用太空將廣告傳播到全球，引起世界轟動。

二〇一八年二月六日，SpaceX 從佛羅里達州卡納維爾角首次發射新型獵鷹重型運載火箭。為了宣傳這件事，馬斯克為火箭準備了一位令人驚訝萬分的「乘客」：一輛紅色特斯拉敞篷跑車 Roadster（見下頁圖2-1）。非常完美的演出！

跑車上駕駛員的身影就像「傻瓜龐克」（Daft Punk）[4]：這是 SpaceX 為駕駛人體模型「星人」（Starman）設計的太空服裝。在汽車的儀表板上，顯示大寫字母：「不要驚慌！」（DON'T PANIC!），乃直接取自《銀河便車指南》裡的一句話，馬斯克非常喜歡這本幽默的科幻小說；背景音樂則是搖滾歌手大衛・鮑伊（David Bowie）的〈太空怪談〉（*Space Oddity*）。藉著一同登上太空的三部攝影

1 編按：比利時漫畫系列，故事講述了兩個性格迥異的人一起去冒險——旅館服務員斯皮魯和他的記者朋友方大炯。

2 作者按：弗朗坎的忠實合作夥伴吉德海姆（Jidéhem），同時參與了《佐格魯布的佐》和續集《佐格魯布的陰影》（*L'Ombre du Z*）的繪圖。該則月球上的廣告宣傳效果並未奏效，因為佐格魯布人的拼字和地球相反，所以把世界知名飲料寫成了「CacoCaloc」而不是……你懂的。不過佐格魯布的這個新點子，肯定已經傳播到真實世界，因為想要向月球進行私人發射任務的日本太空公司，提出了在衛星上投放廣告的可能性。他們想將廣告招牌（就像路邊的那種廣告招牌）送入太空中，因此只有太空人才能看得到。

3 譯按：斯皮魯是一位身穿紅色制服的旅館門僮。

4 譯按：法國巴黎電子音樂團體，兩位成員皆以機器人頭盔、全身包緊的打扮演出。

▲圖2-1 這是廣告、藝術、太空垃圾？特斯拉不只是車，它就是未來生活。
（圖片來源：維基共享資源公有領域。）

機，讓觀眾從地球上也可以清楚看見一切[5]。

視覺效果令人驚豔，深紅色的跑車映入地球的藍色圓形，呼應馬斯克團隊在發射時強烈的歡呼聲。從象徵意義上，此舉顯然有待商榷。許多評論家認為這是令人憤慨的資源浪費，是為了娛樂大眾的庸俗行為。

《衛報》（*The Guardian*）指出，就在同一天，敘利亞發生空襲致使八十人遇難，媒體卻冷淡處理[6]。反觀，在馬斯克的精心安排下，成功使全球注意力聚焦在 SpaceX……還有特斯拉身上。這家以 Roadster 跑車為代表的電動汽車製造商，是馬斯克的第二個寶貝，同時也是他的賺錢機器。

電動車不是車，它是會跑的智慧型手機

特斯拉與 SpaceX 不同，它不是由馬斯克創立的。這家改造了電動汽車的公司，實際上是由兩位工程師馬丁・艾伯哈德（Martin Eberhard）和馬克・塔彭寧（Marc Tarpenning）於二〇〇三年成立。兩人聯手的期望是，改造千禧年後電動車的形象，要讓它變得「令人渴望」、功能強大，且充飽電時與加滿油的汽車相比，可以跑一樣多的公里數。

這個野心很早就吸引了馬斯克：二〇〇四年特斯拉籌資，馬斯克為該公司挹注了數百萬美元，後於二〇〇八年加入成為執行長（這件事的發生有些戲劇性，尤其是馬斯克和艾伯哈德之間的關係）[7]。

5 作者按：https://bit.ly/3sfFGyG。
6 作者按：https://bit.ly/3MXGxfn。

我仍必須時常提醒自己，馬斯克不是特斯拉的創辦人；二〇一七年該公司名稱從「特斯拉汽車」（Tesla Motors）更名為「特斯拉公司」（Tesla Inc）。有了這個名字，這家公司似乎就是為他而生。

公司名稱來自尼古拉．特斯拉（Nikolas Tesla），這位美籍塞爾維亞族發明家，是十九世紀末和二十世紀初最具創造力的科學思想家之一。儘管因為與愛迪生（Thomas Edison）立場不同，導致他的工作成就受到打壓，但他仍然被稱為交流電之父，其大部分發明以電為核心。

後人為了給予他不朽的榮耀，甚至以其名「特斯拉」作為磁場測量單位。幾十年來，特斯拉一直受到科幻小說迷喜愛；許多漫畫、電視連續劇和電影，都引用他作為素材，例如二〇〇八年克里斯多夫．諾蘭（Christopher Nolan）執導的《頂尖對決》（*The Prestige*），特斯拉一角由……大衛．鮑伊飾演。

好吧，馬斯克不是特斯拉的「生父」，但我們可以說，是他實現了這家公司的理念。**我們必須將電動汽車視為在路上行駛的電腦。這種模式與傳統汽車製造商的模式百分之百不同。**

這些熱引擎（heat engine）大廠通常會自誇擁有超過一個世紀的經驗；**但這麼**

多的既定習慣，也成了能源轉型的阻礙。特斯拉不需要從汽油轉為電力，它從零開始，把一切的核心放在電池，同時將機動化、傳輸和控制想像成一層一層彼此往上堆疊的圖層。最重要的是，它開發了可以控制整部車的電腦軟體。

這些電腦軟體能夠提供遠端更新程式，就像更新智慧手機的操作系統一樣。**這使汽車不用費事前往修車廠，便可維持在最新技術狀態**。從股票市場的角度來看，特斯拉前景大好。

二〇二一年一月，密切關注這位億萬富翁資金情況的彭博社指出，由於特斯拉股票飆升，馬斯克成為世界上最有錢的人。其財富足以打敗某個禿子，也就是他親愛的對手貝佐斯。據法新社評論[8]，在世界財富排名當中，這位南非出生的工程師身價為一千八百八十五億美元，比亞馬遜創始人多了十五億美元。

矛盾的是，儘管特斯拉市值超過通用汽車、福特、飛雅特克萊斯勒汽車、豐

---

7 作者按：請參閱二〇〇九年《連線》（*Wired*）雜誌的文章：https://www.wired.com/2009/07/tesla-lawsuit/。

8 作者按：請參閱《挑戰》（*Challenges*）網站上的法新社消息：https://tinyurl.com/2f3839r8（譯按：《挑戰》為法國知名經濟雜誌）。

田、本田和福斯的總和，但據法新社資料指出：「**該集團的銷售額仍然與傳統製造商相差甚遠**：特斯拉在二〇二〇年僅售出四十九萬九千五百五十輛汽車，遠低於福斯在二〇一九年售出的一千一百萬輛。」

不過，該集團是投資人的寵兒，**投資人普遍認為布局電動汽車是聰明的選擇**。**馬斯克的財富主要靠股票市值累積**。二〇二一年十月，美國汽車租賃公司赫茲（Hertz）宣布購買十萬輛特斯拉電動車，使他的財富又更上一層樓。受到消息激勵，特斯拉股價大漲，這位世界首富的資本飆升至兩千八百八十六億美元[9]。

拜特斯拉之賜，馬斯克登上了超級資本主義的金字塔頂端。然而，這位億萬富翁並沒有放棄向「平民」打交道。在二〇〇六年八月日的一篇部落格文章中，他寫道：「公司的長期計畫是提供多種款式汽車，包括人人負擔得起的家庭汽車。」[10]

很顯然，目前他還沒有做到那一步。現在必須花上超過四萬歐元才能購買特斯拉最便宜的車款[11]。不過在二〇二〇年九月的電池日（Battery Day）大會上，馬斯克宣布可望在三年內，推出售價兩萬五千美元的汽車。這一承諾呼應了特斯拉在其官網上的口號，聲明其使命是「加速世界朝向永續能源的過渡期」[12]。

畢竟這個百分之百的全電動品牌，一開始是以超時尚的跑車起家，它們從二〇〇八年開始銷售超跑 Roadster（二〇一二年停止生產，但馬斯克也承諾將推出新車型）。雖然該車是與英國蓮花汽車（Lotus）合作設計，但往後的車型就純粹是特斯拉的設計，現在有 Model S、Model 3、Model X 和 Model Y。沒錯，全部拼起來就是「S3XY」，再次證明馬斯克幽默的特質。

這些電動汽車的「完全自動駕駛」問題受到放大檢視，主要有兩個層面廣受人們討論。首先是能源問題：**充飽電一次能夠讓汽車行駛多少公里？**

特斯拉汽車目前的續航能力約為五百至六百公里。許多汽車記者撰寫了測試在法國以電動車旅行的可能性相關報導[13]。這在五年前看起來像是科幻小說才有的情節，然而現在它確實可能發生。

---

9 作者按：有關這項新紀錄，請參閱《資本》（*Capital*）雜誌的文章：https://bit.ly/3Frt1hy。
10 作者按：馬斯克挖苦的稱其為「特斯拉的祕密計畫」。請參閱：https://tinyurl.com/2p9cx6zb。
11 編按：二〇二三年一月，特斯拉最便宜的車款為「Tesla Model 3」，建議售價為新臺幣一百七十五·五萬元。
12 作者按：https://www.tesla.com/fr_FR/about。
13 作者按：請參閱二〇二一年十一月在《資本》的報導：https://bit.ly/3sfKB2A。

為了實現這個夢想，必須配合GPS導航，它會向駕駛者指示合適的充電站。因為充電站的數量有限，而且找不到空的充電站也相當常見。

以現在的情況來說，等待時間並不會太長；因為駕駛人數少，車主們甚至可以在愉快的氣氛中，笑談自己車子的特點。但未來就不好說了，試想在連續假期的週末，成列的電動車魚貫駛向渡假海灘，屆時必須有足夠的充電裝置，才能迎接成群的渡假者。

現今電動汽車用戶占了相對少數的優勢。一位經常駕駛特斯拉的受訪者（他用租的）告訴我，巴黎到尼姆（Nîmes）[14]途中僅須停下來充電兩次；每次充飽電所需時間大約二十幾分鐘，費用也是約二十幾歐元。

接下來要講的是在網路上討論最熱烈的問題：**汽車的自動駕駛能力究竟是完全自動，還是接近完全自動？**（這種細微差別極為重要，甚至攸關性命。）

同樣的，這個概念也不是特斯拉發明的，但特斯拉在這方面的技術，比其他任何品牌更進步。二〇一五年十月十四日，發表於特斯拉官網上一篇題為〈你的自動輔助駕駛已經到來〉[15]的文章中，開啟了自動輔助駕駛的序幕，特斯拉說明在過去的一年裡，新的 Model S 汽車已經配備了一項硬體設備，允許「逐步引入自動駕駛技術。其配備包括一個前置雷達、一個面向駕駛路徑前方的攝影鏡頭、十二個超聲波感測器，能夠偵測到汽車周圍所有方向、任何速度下距離約五公尺範圍內的障礙物，以及一個高度精準的數位控制煞車輔助系統。」

這些設備（經過不斷研發改進）被安裝在特斯拉汽車並閒置了一年，終於在這篇文章發布當天開始運作，該文寫道：「現在，特斯拉的第七版軟體可以讓這些工具，提供駕駛員更廣泛的舒適和安全功能。」自此，自動輔助駕駛能夠糾正汽車在車道上的位置，自動變換車道，甚至管理煞車系統以避免任何碰撞。但是，特斯拉明確指出「**駕駛人永遠要對自己的駕駛負責，控制汽車的終究是駕駛人**」。

何時才能達到「全自駕」？這是問題所在，並且也是馬斯克急欲獲勝的競賽。不過，站在起跑線上的，也不是只有他一人。

14 編按：兩地相距七百一十四公里，大約是臺北到高雄來回距離。
15 作者按：https://www.tesla.com/blog/your-autopilot-has-arrived。

2 白色淘金熱——回收和組裝都有賺頭

隨著發展規模擴大，原物料短缺成了特斯拉開始擔憂的問題。他們意識到，**全球的電池製造商都無法充分供應其電動汽車的需求**。特斯拉在官網上指出：「要達到年產五十萬輛電動汽車，特斯拉可能需要全世界鋰電池的全部產量。」[16]

那麼，馬斯克如何解決呢？答案是：建立自己的電池工廠。它是一座巨大的工業基地，他稱之為「超級工廠」（gigafactory）。該計畫於二〇一四年啟動，在內華達州建造了十八萬平方公尺的巨大生產基地，相當於寬一百八十公尺、長一公里的面積！[17]

鋰電池的技術（見第一七一頁）始於一九七〇年代的研究，其中有三位研究人員尤為傑出，他們是美國的約翰・古迪納夫（John Goodenough）、英國的史丹利・惠廷安（Stanley Whittingham）和二〇一九年獲得諾貝爾化學獎的日本科學家吉野彰。

鋰電池自一九九〇年代初期開始問市，最初應用在索尼（Sony）的小型電子裝置產品系列，例如隨身聽（Walkman）。如今，鋰電池裝備在智慧型手機、相機、筆電、智慧手錶和……電動汽車。身為維科爾（Verkor）電池製造商聯合創始人的工程師菲利浦．查恩（Philippe Chain）評論道：「這是當今的尖端技術，我們了解它，也知道如何將其工業化並滿足需求。」該公司即將在敦克爾克附近興建一座電池超級工廠。

以前的電池技術是鎳氫電池或鉛酸電池，那未來呢？可能是固體電解質電池，因為這項研究在實驗室中已經發展得相當順利[18]。不過，目前仍以**鋰電池**為首選，因為其**每單位體積累積能量的效能最高**。因此，對於即將到來的電動汽車大量生

16 作者按：https://www.tesla.com/fr_FR/gigafactory。
17 作者按：此後，特斯拉還開設了其它巨型工廠。二〇二二年三月在柏林落成的巨型工廠，不僅生產電池，還生產整部車輛。請參閱《世界報》（*Le Monde*）：https://bit.ly/3vOOsr6。
18 作者按：電解質是一種介質，傳統上是液體。使用固體電解質（通常是聚合物或陶瓷）的電池可以表現出更好的性能，然而其工業化技術尚未成熟。

產，這項技術是最佳解決方案。

在二〇二二年一月三十日國際能源署（ＩＥＡ）的報告中指出，電動汽車市場表現出令人難以置信的蓬勃發展：「二〇一二年一整年，總共約一萬三千輛電動汽車銷往世界各地。現在，一週內即可達成相同的銷售數量。」

過去長期以來，電動汽車銷售數量一直停留在底部，如今銷售量已不斷往上。據統計，二〇一九年電動汽車在全球售出兩百二十萬輛，占全球汽車銷售量的二．五％。二〇二〇年為三百萬，占全球汽車銷售量的四．一％。二〇二一年為六百六十萬輛，占全球汽車銷售量的九％[19]。查恩表示：「目前我們正處於市場垂直上升階段。」

許多製造商也投資在鋰電池，因為經過十幾年，技術有了很大的提升，包括鋰電池的使用壽命、充電能力、能量密度……某些效能甚至提高了近十倍。在此期間，價格也變得便宜了十倍。同時，它是可以由工程師掌握的可用技術：**僱用懂得製造電池的人員即可，無須支付昂貴的專利權利金**。未來幾年裝置會更加成熟，隨著規模逐漸擴大，包括在超級工廠中大量製造，鋰電池裝置的技能發展開花結果指日可待。

在這一點上，馬斯克也將潮流帶入了地球村。在歐洲，他的超級工廠概念，首先被特斯拉兩位昔日員工彼得・卡爾森（Peter Carlsson）和保羅・契魯帝（Paolo Cerruti）複製。

有鑑於歐洲大陸未來將需要大量電池，兩人便於二〇一五年成立了諾特福公司（Northvolt），專門研究鋰離子電池。該公司在瑞典主要礦區工業城謝萊夫特奧（Skellefteå）建造了一座超級工廠，於二〇二一年十二月底推出第一個電池裝置（單個電池裝置中有多個電池）。

該廠預計產量足以供應每年一百萬輛全電動汽車的電池需求。目前已經與BMW、福斯等客戶簽訂價值超過兩百五十億歐元的合約，目標設定在二〇三〇年達到歐洲市占率二〇%至二五%。

這樣的市占率雖然很大，但仍有空間。單靠諾特福一家公司，無法滿足歐洲市場的電池需求。歐盟不但參與創立這個新的大型工業，並且也讓第二個參賽公司嶄

19 作者按：令人相當沮喪的是，國際能源署指出，二〇二一年由於休旅車（SUV）熱銷，因此抵消了電動汽車所帶來的減碳效益。相關報告請參閱：https://bit.ly/3KMUScU。

露頭角——維科爾。

歐洲創新與技術研究所（ＥＩＴ）透過「創新能源研究平臺」，協助許多能源領域的新創公司在歐盟起步。由於獲得歐盟的資金，創新能源研究平臺得以相繼資助諾特福和維科爾。

維科爾在二〇二〇年七月由查恩在內的六名電池專家所創立，他們很快聘僱了一支由三十名電池專家組成的團隊，該團隊成員主要從具備豐富電池專業知識的韓國、日本、印度和中國等亞洲國家召募而來。

同時，維科爾也已經開始建造自己的超級工廠，並與第一個客戶雷諾汽車（Renault）建立了合作夥伴關係。這家有著菱形商標的汽車製造商，已經宣布要在二〇三〇年之前，達成在歐洲市場銷售的汽車全面電動化。

為達到此目標，該超級工廠必須將十六千兆瓦（gigawatt）的年產能，至少保留十千兆瓦供雷諾電動汽車所用。查恩指出：「十六千兆瓦相當於三十萬輛電動汽車所需電池。」

此外，二〇二一年七月，在維科爾籌募的一億歐元資金當中，雷諾也投資了超過二〇％。在尚未達到這樣龐大規模之前，維科爾只是一個總部設於格勒諾布爾

（Grenoble，法國東南部城市）的新創公司，獲得這些資金和工業支持後，便宣布將於二〇二三年在敦克爾克建造超級工廠。

該廠占地一百五十公頃，可以直接創造超過一千兩百個就業機會。在選定廠址之前，約有四十個地點被評估過，包括義大利和西班牙，但最後上法蘭西大區（Hauts-de-France）[20]雀屏中選，該地區還預定設立另外兩個電動汽車專用工業基地。

不過，這一舉措與某些觀點背道而馳。畢竟，法國的去工業化已經是趨勢；他們的理由是：工廠設在國外，成本會更低。查恩指出：「簡單說，其他地方的勞動力更便宜。然而，在高度自動化的電池生產中，勞動力這個項目只占最終成本的一小部分，約為五～八％。即使中國或波蘭的勞動力成本是法國的一半，也僅代表了三～四％的成本差距。我們的長遠目標，是透過提高競爭力來彌補這一潛在差距，因此必須更加有效率。」

20 譯按：敦克爾克位於上法蘭西大區。

白色淘金熱

隨著超級工廠激增，鋰的取得顯然成了重要問題。「鋰是一種自然存在於地殼中的金屬，主要在鹽水或地熱地下水中，甚至以固體形式存在於礦物結晶網之中，特別是磷酸鹽和矽酸鹽。」法國地質礦產研究局（BRGM）[21]如此解釋。

當我們了解工業界對鋰電池的渴望，就會明白為何**鋰的別稱是「白金」**。現今全球的鋰需求，五〇%以上用在製造鋰電池，主要是為了裝備在電動汽車。「這種用途的鋰總消費量，已從二〇〇八年的二〇%市場占比，上升到二〇一八年的近五八%。根據預測，這一占比將會在二〇二五年或二〇三〇年前增加到八五%。」專家們繼續說道。

那麼，它有短缺的風險嗎？商業雜誌《富比士》（*Forbes*）曾提出，鋰資源可能會在二〇二五年被耗盡[22]。二〇一八年，法國科學月刊《研究》刊出的一則訪談中，電池專家尚・馬里・塔拉斯孔（Jean-Marie Tarascon）的分析則更加細膩：「七、八年前，我們就這個問題談了很多。這種說法是誇張了。因為我們可以把鋰回收並循環利用，這是單純的經濟問題。而且相關技術已經具備了，它是未來的市場方向。我認為**回收電池與組裝電池一樣具有經濟潛力。**」[23]

鋰礦開採對生態環境的影響，也成為社會辯論的主題。例如，在玻利維亞的烏尤尼鹽沼（Uyuni kachi qucha），鋰礦開採正威脅著這個「世界上最大的鹽沼泥漠」，《國家地理》（*National Geographic*）雜誌於二〇一九年二月十八日報導了這一消息[24]。另一方面，澳洲力拓（Rio Tinto）礦業集團，一直熱衷於在塞爾維亞賈達爾（Jadar）山谷所發現的一處開採地點。原本可以成為歐洲最大的鋰礦床，不過塞爾維亞政府在民眾的壓力下，埋葬了這個巨大的工業計畫。

超級工廠，機器之間會互相溝通

隨著鋰電池來臨，我們可以觀察到馬斯克真的發明了一種新的做事方法。他的

21 作者按：請參閱法國政府二〇二〇年三月的報告：https://bit.ly/3Fhk3Dv。
22 作者按：tinyurl.com/bddkfwc7。
23 作者按：https://bit.ly/3P08YLy。
24 作者按：https://bit.ly/3M40txb。

超級工廠以數位化製造過程為特色，且已經成為一種商業標準。

這意味著什麼呢？想知道這一點，就必須看看電池超級工廠內部運作的情況。當中有非常多的步驟透過邏輯相互連結，並以穩定的速度進行……。

首先將銅箔和鋁箔放置在大型滾筒下運轉的輸送帶上（類似於印刷機），然後在這些箔片上塗上墨水，這是一種由黑色粉末（陽極和陰極的活性材料）和溶劑混合而成的墨水，由此形成了電極板。

接著，零件會滑動通過一個非常巨大的烤箱（有一百公尺長），這是為了讓組件高速乾燥。經此步驟後，電極板會被「輾壓整平」（就像用擀麵棍擀平那樣）、裁切成合適的尺寸，並使用分揀機堆疊（類似於分鈔機將紙鈔分類並分開疊放）。

最後，將這些「千層派」用一種類似於咖啡包的鋁塑模封裝。一個電池體就完成了，剩下就是注入電解質。接下來，它必須進入電的形成階段，一系列大量的電荷和放電，目的是要使電池儲存能量。

整個過程很長，在過程中還可能發生很多風險。想像在一開始的塗層階段，一粒灰塵正好掉落在電池組件之間。即使灰塵微粒小到難以察覺，但最後，它的存在會導致電的形成階段出現問題。

電池將因此充電太快或較慢，造成短路現象……只要稍有故障，工程師都必須從問題的發生點，仔細檢查所有製成的電池。

那麼，他們是如何做到這一點的？

其實只要依靠「數位積分」（digital integration），便可以順利控制製程。在整個生產過程中，攝影機、雷射感測器，以及厚度、溫度和速度傳感器，記錄了每個步驟的數據。現代工廠的機器已經配備了這些控制系統，可以將這些數據發送到伺服器，並詳細記錄。

因此，遇到灰塵掉落在電池裡，工程師可以從挖掘伺服器的數據，找到問題出在哪裡。有點像破解黑盒子找出飛機失事原因。

數位化工廠的發展將更進一步，現在稱作工業四・〇，即**機器之間直接相互對話**，而不是將訊息發送到伺服器。**再加上人工智慧技術，便可即時分析所有數據**。

因此，在灰塵落入正在製造的電池時，各種傳感器會偵測到這粒灰塵，並立即發出警報。於是發生問題的範圍得以限制並避免擴大。此時工程師們可以決定在被汙染的電池上標記大紅點，或者決定將它報廢。無論任何情況，一旦偵測到問題，都能立即反應。

雖然生產系統數位化，符合工業歷史的發展方向。然而，有些工廠礙於現有的機器和多年來建立的習慣，可能很難進行這種轉變。這就是**馬斯克和那些超級工廠的新創者有機會竄起的原因：**透過建造全新的工廠，**他們從零開始，並直接走向數位化階段**，因而提升到更高一層。正如同特斯拉的電動汽車被視為行駛在路上的智慧手機，**數位工廠就像一臺工業電腦。**

再生能源一條龍——從太陽能板開始賣

二〇一六年，特斯拉收購了專門從事太陽能電池板銷售和安裝的太陽城公司（SolarCity）。它是十年前由彼得（Peter）和林登．里夫（Lyndon Rive）創立的，而這兩位創始人正是馬斯克的表兄弟。

太陽城的業務目前已被納入專門從事再生能源的子公司——「特斯拉能源」（Tesla Energy）。其中最特別的是，它開發的太陽能屋頂，與傳統的屋頂材質在外觀上非常相似。

隨著整合太陽城公司，特斯拉打算在再生能源領域垂直整合；也就是從太陽能電池板發電開始，接著是電池儲能，最後是汽車消費電能。

如何被馬斯克聘用？

電池開發商諾特福的幾位創始人是特斯拉的舊員工；維科爾的聯合創始人兼技術總監克里斯多夫・米勒（Christophe Mille）和查恩也是。查恩畢業於巴黎高等礦業學校（Mines ParisTech），這位工程師於二〇一一年至二〇一二年，曾在加州的特斯拉服務。他甚至是由馬斯克本人招聘的！也因此有了一睹這位億萬富翁真實面貌的難得機會。

雖然馬斯克喜歡上舞臺露臉，他甚至參加了美國幽默綜藝節目《週六夜現場》（*Saturday Night Live*），節目中他還透露自己患有亞斯伯格症[25]。他的日常行為耐人尋味，但我們現在可以聽聽查恩的爆料！

根據查恩所說，馬斯克不是那種會給予別人讚美的類型：「但是，他是一個非

25 作者按：二〇二一年五月，馬斯克出現在《週六夜現場》的片段：https://bit.ly/3vKPh2r。

常有魅力、令人著迷、聰明和有遠見的人。」先前，法國火星協會副主席海德曼已經和我說過這位人物的「力量」，他是在美國火星協會舉辦的一次晚宴上遇見了馬斯克。

查恩繼續說道：「他知道如何帶領人們，如何讓人們追隨他的願景。他真的非常、非常擅長此道。」馬斯克還有一件事啟發了很多人，包括我！那就是「第一性原理」（First Principles）。這是他的核心思想。

查恩接著說：「馬斯克經常問：『**是哪一條物理定律阻止我這樣做？**』凡事回歸第一原則，尤其是回到物理學基本原則。拿火星之旅來說，馬斯克說他想去火星；其他人則回答，從來沒有人去過。所以他問：『有哪一條物理定律阻止我這樣做嗎？』不，沒有！而且經過計算，只要用一枚超大型火箭就能夠做到。於是他決定製造星艦。這就是第一性原理。**如果不是不可能，那就是可能**。這就是他的做事風格。」

查恩接著將話題轉到特斯拉的招聘。二〇一一年，查恩當時在雷諾公司的電動汽車部門工作。他將個人資料寫在 LinkedIn 上（在當時相當前衛），有天他收到了一封來自蒂芙尼（Tiffany）的訊息，她是特斯拉負責招募的人員，她說：「我們對你的資歷很感興趣。」

查恩回憶道：「我知道特斯拉，當時它只生產 Roadster。對我這個在雷諾工作的人來說，這種公司充其量只是億萬富翁的玩具製造商，不是汽車製造商。但我很好奇，而且談話過程很順利，所以蒂芙尼最後邀請我去見馬斯克。」

因為那個年代還沒有 Zoom，所以採用電話面談。法國和加州的時差無法避免的讓事情變得有些複雜，不過最後還是安排到了一段空檔時間，查恩將手機放在耳邊，在一間辦公室坐下，開始接受面談。

「我聽到：『哈囉，你好，介紹一下你自己。』接著我便開始說，我說我做過這個、做過那個……而在電話那頭，我只聽到：『嗯，嗯。』於是我一直說，對方也一直『嗯。』就這樣嗯了四十分鐘，沒有其他任何一句話。然後突然間迸出一句：『好，謝謝你。』喀！馬斯克掛斷了電話。

「看來很明顯，我以為面談失敗了。然而，過了十分鐘，電話響起，是蒂芙尼，她說：『馬斯克很喜歡你！』」

查恩笑著說：「我還真看不出來。」面試流程繼續進行，對方邀請查恩到加州。同樣的，行程安排有些麻煩；因為馬斯克住在 SpaceX 的所在地洛杉磯，而特斯拉在舊金山。後來行程如下：查恩先飛到洛杉磯，出了機場後，到馬斯克在SpaceX的辦公室與他面談，晚上再搭機到舊金山與特斯拉團隊的其他成員會面。

「因為時差，我到達洛杉磯時已經有點累，我走進馬斯克的辦公室，他對我說……『介紹一下你自己』。於是我重新開始說一遍；不同的是，這次我有看到他邊點頭邊說『嗯』。」

大約十五分鐘後，馬斯克向查恩提問了兩、三個問題，談話變得更深入。但沒有持續多久。「他說：『好，很好，』看了看手錶，又補一句：『哦，時間還很多。要不要四處看一下？』」查恩繼續說道。

然後，這位法國人因此享受了私人參訪SpaceX的特殊待遇：「馬斯克話匣子打開了，說個不停。他告訴我所有的一切，包括他如何製造SpaceX，也就是他的寶寶；還有各種工作有何用途，如何運作。

「然後又是『第一性原理』，他對我說：『火箭並不複雜，用鋁加工製造。按重量，應該比美國太空總署或阿麗亞娜的價格便宜十倍。所以我決定購買加工中心和鋁材來製造更便宜的火箭。』聽到這話，大家會覺得他在誇大其詞，事情肯定沒這麼容易……然而，後來發生的事情證明他是對的！雖然他的發射器只有便宜三倍而不是十倍。」

最後，查恩成為特斯拉的品質總監，一直待到二〇一二年底。馬斯克是他的直屬上司。特斯拉的這位老闆住在洛杉磯，每週會在舊金山停留兩天，在這兩天裡，他會四十八小時都和團隊在一起。這讓查恩看到了一個隨時在工作狀態的馬斯克。

「他表現得就好像有某種能力，不是一直專注聽人說話的那種能力，而是**他能比其他人聽懂一千倍的能力**。這個意思是，你才說半個字，他就已經全都懂了。我不知道真實情況是不是如此，但無論如何，他表現出的樣子是如此。」

馬斯克討厭聽簡報。他認為不需要那種東西來幫助理解；而且如果他沒有聽到你要報告的重點，那就更糟了，他會生氣並抱怨說，應該在第二行字之內就完全表達清楚！

查恩接著說：「不過他非常投入工作。他深入的參與各種想法、計畫、主題，並且會說：『這讓我感興趣，解釋給我聽，這是個好主意。那個，很蠢。』所有的步調都非常快速！」

這位老闆是不會放棄自己認為對的想法或解決辦法的人。甚至於（經常）和合作夥伴意見相左。查恩解釋：「其中有一個很好的例子，就是特斯拉 Model S 的車門把手。這是相當棒的可伸縮嵌入式設計，類似一種抽屜。從一開始，所有的工程師都向他解釋這太複雜，太脆弱、行不通。

「這樣的抽屜會占用車門的內部空間，而且它的位置就在窗戶玻璃下降的地方。有一大堆很好的理由，說明這個點子行不通。況且，其他所有製造商也都沒有這樣做。不過，馬斯克認為這很漂亮、有技術性又時尚，所以他堅持要做。結果再次證明，他是對的。

「後來，每個人都注意到 Model S 的可自動彈跳和收回的車門把手，大家在替 Model S 拍照時，都會特別拍下它……這提升了汽車使用者的體驗，而且，它的確非常與眾不同。」

科學小百科：鋰電池如何運作？

如果把鋰電池拆開，我們會發現三個基本組成部分。首先是一個負電極，稱為「陽極」。接著是一個正電極，即「陰極」。最後是浸泡電極的一種液體，也就是前面提過的電解質（電解液）。在接下來電池內要發生的作用，這種浸泡液是不可或缺的電絕緣體。

一旦電池與電器連接便會放電。這意味著陽極中的鋰放出了電子（e^-），而這些電子形成了電流。由於電池的電解液具有絕緣性，造成電流在電池內部流動路徑受阻，因此電流便經由連接電池和其供電設備之間的電纜，向外流通。

隨著電子被放出，鋰原子轉化為鋰離子（Li^+）。鋰離子可以通過電解質，因為電解液是一種離子導體。接著，鋰離子會聚集在陰極上。由於陰極是電氣連接的另一個終端，鋰離子將會在那裡找到先前放出的電子（電子已經越過了電路，回到了電池）並再次成為鋰原子。

因此，在為電池充電時，只須將其插入主電源，以使鋰離子從陰極返回到儲存它們的陽極即可。

3 完全自動駕駛，尚未準備好在正常道路上使用

讓我們來做個測試！如果你對人們提到「自動駕駛汽車」，他們肯定會認為是「完全自動駕駛的汽車」。腦中的畫面應該是乘客坐在方向盤後方（自駕車有方向盤嗎？），正在打瞌睡或觀看儀表板螢幕上的 Netflix 影片。

又來了，這種由汽車完全自主操控駕駛的景象，也是科幻小說塑造的。在經典電視連續劇《霹靂遊俠二〇〇〇》（*Knight Rider 2000*）中，主角大衛．赫索霍夫（David Hasselhoff）的那部黑色「霹靂車」（原名ＫＩＴＴ），就是一輛百分之百自動駕駛汽車（還配備語音功能！）。

將操控駕駛完全交給車子的想法，馬斯克也把它變成自己的點子了。特斯拉汽車已經配備有一種稱作「Autopilot」的自動輔助駕駛系統，並提供兩個附加選項：

「增強版高度自動駕駛」（Enhanced Autopilot）和「完全自動駕駛」（Full self driving）。

但請注意，這些術語可能讓人產生誤解，目前**這些駕駛輔助系統並不允許車輛完全自我操控**。相反的，特斯拉堅持認為，即使有自動輔助駕駛、增強版自動輔助駕駛，和完全自動駕駛的功能設計，駕駛人仍應將手握在方向盤上保持警覺，隨時準備重新接手控制車輛[26]。

儘管如此，馬斯克承諾，無人駕駛的那天將會到來。這位億萬富翁多次重申，就像二〇二一年一月《紐約時報》的報導，雖然目前還是處於一廂情願的想法，但馬斯克仍公開表示：「我非常相信，在今年年底前，汽車的自動駕駛將比人類駕駛更可靠」[27]。

雖然目前還無法做到這種程度，但駕駛人的腦袋已經準備好，要把越來越多主控權交給他們的汽車。因為汽車（顯然不僅僅是特斯拉的汽車）已經有配備駕駛輔

26 作者按：https://www.tesla.com/fr_FR/support/autopilot-and-fullself-driving-capability.。
27 作者按：該文刊載於二〇二一年十二月六日：https://nyti.ms/3kLLPyg。

助設備，而且從幾年前就開始了。

自從有了車速調節、行車安全距離控制和循跡防滑控制、停車輔助的「嗶嗶」聲……駕駛人已經習慣，汽車會在某些特殊情況提供一些輔助。然而這點很重要：目前人類仍然是車上唯一的主人，是人類透過擋風玻璃觀察道路環境、交通標誌、紅綠燈、斑馬線和其他一切，來決定方向盤的方向和油門、煞車。**指揮和駕駛的當然是人，不是機器。**

在自動駕駛汽車的發展計畫中，我們見證了駕駛情境的顛覆——負責指揮的變成了汽車。這樣的汽車必須能夠替代駕駛人觀察道路，解讀正在發生的狀況，並決定將要採取的行動。

當所有的駕駛情境都變成如此，那麼，我們面對的就是一輛完全自動駕駛的汽車。但在達到這個目標之前（如果我們有天真的可以達到的話），還必須跨越好幾個階段。這就是為什麼製造商將自動駕駛區分成數個不同等級。

自動駕駛共分為六等，從零到五。法國機電特殊大學（ESME）工程學院電動暨自動駕駛汽車專業負責人薩利姆．希馬（Salim Hima）指出：「只有在第五級，汽車才算是完全自動駕駛。然後就再也不需要駕駛人了。」

這項分級標準已被汽車界的大多數業者採用，但實際上並沒有嚴格定義那些功能可以歸類到哪個等級。所以從零、一、二、三、四到五……這樣的分級終究流於理論化。

油門、煞車、方向盤，未來都是選配

在法國航空太空探索暨研究處（ONERA），擔任科研誠信暨研究倫理協調員的凱瑟琳·泰西爾（Catherine Tessier）指出：「將它視作從一個等級跳到另一個等級，並沒有多大意義，它更像是一個連續性的銜接。試想一輛以自動駕駛模式在高速公路上行駛的汽車，在到達匝道出口時，車上的人接手操控了。這樣就很難界定它是第一、二或三級的自動駕駛。我們喜歡使用這些術語，但實際應用仍有困難，因為中間的過渡是流動式的，並非階梯式的一級一級界線分明。」

這裡用詞的選擇很重要。最大難題在分辨某些功能「自動化」和「完全自動駕駛」。因此，二〇二一年四月，法國數位倫理駕駛委員會（CNPEN）針對這些問題，發表了一些意見。

其提出的資料強調，必須在法規文本中採用「自動化輔助駕駛的汽車」，而不是「完全自動駕駛的汽車」，因為第二個表達方式會使人很容易以為，人類已經從汽車駕駛中消失了。

泰西爾說：「在進入相關網站就開始發現這種現象了。當我們造訪法國生態轉型部（ministère de la Transition écologique）網站時，也會發現詞彙已經發生變化。」數位倫理駕駛委員會主任克勞德．基什內爾（Claude Kirchner）也強調選字的重要性：「這件事可能看起來只是一個小細節，但事實上影響卻不小。」

確實很難不讓人想起法國作家阿爾貝．卡繆（Albert Camus）的那句名言：「錯誤的命名，就是增加這個世界的不幸。」這種情形是指從字面上去理解，當使用者盲目相信「完全自動駕駛汽車」的字面意義，就可能會發生事故。

目前在某些道路條件下使用自動駕駛，駕駛員的注意力仍然絕對有必要。有個悲慘的例子是特斯拉第一次涉及的死亡事故：事發於二〇一六年五月七日，一輛開啟自動駕駛模式的車輛，撞上了穿越前方道路的卡車。

美國國家公路交通安全管理局（NHTSA）隨後展開調查，以釐清車輛的感知系統是否為肇事原因。的確，那輛大卡車後面加掛的白色拖車很可能與背景中的天空顏色相互混淆；但「自動輔助駕駛」系統最終被排除在肇事原因之外。

此外，據《衛報》報導的證詞，那輛 Model S 的駕駛人在發生撞擊時，正在看《哈利波特》（*Harry Potter*）系列電影[28]。

以下是自動駕駛六個等級的明確定義[29]，按照駕駛人參與程度來分類。

零級

完全由駕駛人操控，無任何駕駛輔助系統。

第一級

有人稱這個等級的自動程度，是駕駛能夠做到「腳放開」，因為它有速度管理輔助系統。例如ＡＢＳ（來自德國的防鎖死煞車系統）、主動式定速巡航控制系統（ＡＣＣ）——如果道路上沒有障礙物，它能夠以設定的速度定速行駛。如果有，

---

28 作者按：二〇一六年七月一日的《衛報》文章：tinyurl.com/ym8vapa3。

29 作者按：國際自動機工程師學會（SAE International）車輛自動駕駛等級分類，請參閱：https://bit.ly/3P4jYYm。

它會煞車並調整速度和安全距離。雖然是自動化系統，但駕駛人仍需將手放置於方向盤上。

第二級

即所謂的「手放開」。在這個等級，駕駛為部分自動化；駕駛員的手有時可以離開方向盤，因為汽車能自行管理縱向和橫向移動。例如車道置中系統，將使車輛保持在同一條車道內。目前特斯拉的 Autopilot 最多達到第二級。

第三級

在這個等級，汽車真正進入了自動駕駛的領域。也有人稱此等級為「視線離開」。車輛會接管部分駕駛階段（在特定時間和地點），因此駕駛人可以把注意力從道路上移開。

二〇二一年十二月，德國製造商梅賽德斯（Mercedes）成功跨越了這項技術，以及象徵性的關鍵階段，其三級駕駛輔助系統獲得批准。具體而言，這代表豪華時尚的賓士S級車主，在塞車或行駛於高速公路時，可以鬆開方向盤，放手讓汽車自動駕駛。

然而速度不會太快，系統會在時速超過六十公里時鎖定，坦白說，這限制了它的性能。這時候，駕駛人可將注意力放在車子的觸控螢幕上，如果需要，甚至可以上網或發送電子郵件。

在賓士之前，日本本田是全球第一家獲得認證的第三級自動駕駛製造商。它的「塞車自駕」（Traffic Jam Pilot）技術，已經可以在最常見的交通擁堵情況下，代替駕駛人駕駛車輛。

二〇二一年三月，本田宣布在日本銷售第三級自動駕駛汽車的新聞稿中[30]寫道：「塞車自駕系統，經過了大約一千萬個真實生活場景的模擬，以及測試車輛在快速車道上，行駛了大約一百三十萬公里的大量測試。」

「第三級自動駕駛，僅對應於特定條件的駕駛情況。」希馬特別強調。**如果情況需要，駕駛人必須能夠隨時重新接手操控車輛。**

第四級

「大腦放鬆」階段。車輛有更多的自主權，在這個級別，某些駕駛階段和特定區域（範圍已越來越廣大），不再要求駕駛人的注意力，車輛可以自己執行某些駕

30 作者按：https://bit.ly/3w94qK8。

駛動作。

第五級

完全的自動駕駛。再也沒有駕駛人了，只有乘客。包括**方向盤、踏板或是傳統控制裝置都可以變成選擇性配備**。希馬做出結論：「車輛不再需要與人互動。」

不過，用戶仍然必須指明他要去的地方。然而，一旦到達目的地，只要車子是他的，他可以要求車輛返回家裡……讓車輛自己回去。這種情景也令人聯想到一種無人駕駛的汽車車隊，可供所有用戶共享。

這種無人駕駛的 Uber 概念，對於該平臺來說是極具吸引力的點子，Uber 的前老闆特拉維斯・卡拉尼克（Travis Kalanick），於二〇一四年曾表示：「如果你覺得 Uber 的服務昂貴，那是因為你在為車上的另一個人付錢。」[31]

無論如何，**將自動駕駛車輛運用於共乘或大眾運輸的想法，也是這項技術的一個發展方向**。

因為有了馬斯克，火星絕不會遙遠，影迷們將會想起一九九〇年，保羅・范赫文（Paul Verhoeven）執導的《魔鬼總動員》（*Total Recall*）中，殖民火星的自動駕駛計程車。車輛會自己駕駛，這讓乘客感覺就像在搭飛機（或是計程車）。

駕駛人的「數位雙胞胎」

就目前來說，第五級自動駕駛汽車不是人人都可能擁有的。然而，馬斯克大膽預言，在不久的將來便可以實現。二〇二〇年，馬斯克在上海舉行的世界人工智能大會（WAIC）視訊影片中[32]，宣布有信心在「今年年底前」達成特斯拉完全自動駕駛的目標，並明確表示，他認為「已經沒有什麼大問題妨礙我們進入全自動駕駛時代」，現在只剩幾個「透過重新設計軟體便能解決的小小困難」。

但再一次，**馬斯克時間和真實時間不同步**，承諾又超過了最後期限，而且特斯拉現在還只停在第二級自動駕駛。這位億萬富翁於是承認，在測試車道或實驗室裡

31 作者按：卡拉尼克因其粗暴的管理作風而受到強烈批評，從二〇一七年起已不再是 Uber 管理階層。有關此文請參閱二〇一四年五月二十八日《商業內幕》（*Business Insider*）新聞網站：https://bit.ly/3KLB9KQ。

32 作者按：https://bit.ly/37m8X3w。

訓練自動駕駛汽車的困難之處，這些場景條件與現實生活中遇到的情況，本質上完全不同。

馬斯克在世界人工智能大會的談話中指出：「我們創建的任何模擬，必然沒有真實世界複雜，沒有什麼比真實世界更混亂和怪異了。」

所有專家都認同這個看法；**要將車輛駕駛產生的所有情況都納入考慮，相當困難**。然而，正面迎戰這個艱難任務的科學家也有很多。在法國，能源轉型研究機構「無碳通訊車輛暨移動裝置研究所」（VEDECOM）[33]，已開發規模驚人的計畫。

這一計畫正是為了建造車輛駕駛人的「數位雙胞胎」。因此在二〇一五年推出的「移動」（MOOVE）計畫中，該研究所派出九輛新車在歐洲行駛，每部車配備有攝影機、雷達、光學雷達（見第一九八頁）等……簡單說，就是**自動駕駛汽車通常需要的全套感測裝置**。

進行這項實驗的過程中，車輛並非在完全自動駕駛模式下行駛；事實上方向盤前方有一位駕駛人，他才是車輛的主人。不過，車輛是在打開所有感測裝置的情況下駕駛，以便讓駕駛人感受「置身於完全自動駕駛的狀態，並盡最大可能以最逼真的程度，在各種不同的情況下，察看周圍發生的一切」，「移動」計畫專案經理洛朗・德維爾（Laurent Durville）解釋道。

此外，要特別提出一點，那就是駕駛人的行為也同樣受到密切監看。在駕駛座內安裝有數個攝影機，聚焦在駕駛人的手、腳和眼睛，同時還為駕駛人提供了一部數位平板電腦，以便他可以即時注意緊急或異常的駕駛情況。

「移動」計畫的第一階段，記錄了駕駛一百萬公里蒐集到的數據。德維爾接著說：「重點放在多線道路段。目標是檢視行駛高速公路、超車、切入、交叉路口，在交通堵塞等流動情況下的自動駕駛功能。」

此計畫由先前提到的研究所帶領，與汽車製造商寶獅雪鐵龍集團（ＰＳＡ）、雷諾汽車，以及汽車零件供應商法雷奧（Valeo）合作，在歐洲十七個國家記錄了共三百五十ＴＢ的數據。

除了高速公路和快速道路，這些測試車輛還在下雪和起霧時，進入阿爾卑斯山的道路，穿過隧道、越過西歐各大橋梁。駕駛時數絕對超過一萬五千小時！

33 作者按：此研究所專門研究未來的移動裝置。它創立於二〇一四年，為官方與民間合作之基金會，屬於《投資未來計畫》（*Programme Investir l'Avenir*）的一部分。

德維爾解釋：「一共由兩支車隊先後進行。第一支車隊的六輛車開始行駛，並快速記錄數據；第二支車隊則前往接應第一支車隊無法進行的偵測。」具體來說，這是要改善橫向感知的問題。德維爾說：「車輛側面發生了什麼事，我們沒辦法看得很清楚。」

車上的感測器，確實能替駕駛人無死角的觀察周圍環境，包括後面有什麼，當然，還有前面有什麼。然而，正如德維爾所言，工程師們已經確定，若有物體從汽車旁邊經過，會有一個灰色區域形成視覺盲點而難以察覺；不過，我們也可以透過推理，用人工方式重構它的路徑：即這個物體先是在車輛後方被偵測到，然後看到它出現在前方，再依速度去推算它是從右邊還是左邊過來……但這種做法的不確定性較高。

德維爾表示：「這個方法還欠缺樣本。第二支車隊的用途，就是補充完整的偵測數據。第二支車隊要處理許多危險的場景：例如自動駕駛汽車突然遇到飆車族、緊急車輛，這時候就需要精確掌握側車道的情況。」

記錄這些數據並不是計畫的最終目標。不過有關道路危險、建立各種不同類別的場景，仍是必要的。從機率的角度來看，如德維爾形容，這確實像一叢灌木，會分岔出各種細微末節。

「舉個例子：在你行駛的車道上，有一部車輛切入你的前方。這種相當簡單的情況可能發生在雙線道、三線道、四線道……也許正遇到彎道處、直線、斜坡、隧道裡，或是道路施工，前方道路堵塞了。

「然而，這還只是有關交通基礎設施的條件，另外還有氣候因素要考慮：你可能在雨天、下雪、晴天等天候下駕駛。在沒有其他車輛，或者相反，有很多車輛的環境中。車速從時速十公里到一百三十公里都有可能。而且由於涉及距離遠近，所以可能產生極大變化。」

因此，移動計畫被用於自動駕駛汽車在「單純前方來車」的情況下，分析許多可能面臨的問題，並建立描述該情況的參數。但這對於汽車行業也相當有用，可以使將來的汽車自動化技術更精進。

目前，城市的駕駛情境並未納入移動計畫（德維爾指出，未來這項主題將被開放研究）。在此期間，其他的自動駕駛汽車計畫也在接觸這個問題，特別是針對法國的一項特點：環形道路。

法國科學研究中心指出：「法國是目前世界上擁有最多環形道路的國家，大約三萬到四萬條，也就是說，幾乎占了世界的一半。」[34]二〇二一年七月，這些科學家在伊夫林省（Yvelines）朗布依埃市（Rambouillet）附近的環形道路上，測試了他們的實驗性自動駕駛汽車。該車以前曾在測試軌道上運行，但這是它第一次在自然條件下使用，也就是和所有其他道路使用者一起駕駛。為了避免危險，車內仍然有駕駛人，以便在發生緊急情況時作出反應。

然而，法國的自動駕駛汽車計畫並非只有無碳通訊車輛暨移動裝置研究所和上述項目。二〇一九年法國宣布開始實施十六項實驗，明顯表現出對這一領域的高度興趣，交通運輸部長伊麗莎白·博恩（Élisabeth Borne）認為：「這是一場奮鬥，**目的是為了實現讓所有公民皆可享受自動移動，無論他們居住在何處。**」

無碳通訊車輛暨移動裝置研究所的開發藍圖，還包括「駕駛和自動化移動的安全和便利性計畫」（SAM），例如雷諾和寶獅雪鐵龍汽車，在法蘭西島大區的高速公路上試運行；文森森林公園（bois de Vincennes）及盧昂（Rouen）市中心的無人駕駛接駁公車。

此外，雷諾於二〇二一年在巴黎—薩克雷大學（Université Paris-Saclay），啟動雷諾佐伊電動車（Renault Zoe）共乘的實驗項目，為當地居住者和工作者設計了一種面板，安裝在自動駕駛的雷諾佐伊車內，以便預約移動出行[35]。

所有這些實驗從啟動直到二〇二二年，預計行駛公里數為一百萬公里。然而這些實驗未來真的能夠開發到偏遠地區嗎？苦於嚴重缺乏大眾運輸系統的法國農村，將會有資源獲得這類的開發？抑或是各區域之間的差距，反而因此加深？無論如何，從計畫開始到現在，人們已不禁望向汽車自動駕駛耗費的漫長時間……。

自動駕駛，由谷歌帶起熱潮

自動駕駛汽車既不是馬斯克也不是特斯拉的想法。第一批無人駕駛車輛要追溯到二十世紀末。一九八六年，由德國戴姆勒（Daimler）公司[36]領導的「尤里卡普羅米修斯計畫」（Eureka Prometheus Project），完成了初期開發。

34 作者按：請參閱法國科學研究中心期刊：https://bit.ly/3LSGCkg。
35 作者按：https://bit.ly/3Fmm9BL。
36 編按：於二〇二二年二月一日更名為「梅賽德斯—賓士集團」股份公司。

該計畫特別著重「視覺訊息技術應用」（VITA）實驗系統的開發，此系統主要依賴放置於 Mercedes S 系列車輛，前、後擋風玻璃的小型攝影機鏡頭。該設備經由圖像自動化處理，引導車子自動駕駛。

賓士汽車在網站上說明：「利用這些電眼，車載電腦會記錄汽車周圍發生的事情。VITA技術應用是一種真正的自動駕駛，能夠煞車、加速和駕駛。」

然而，前景看好的普羅米修斯計畫，卻在八年後就畫下了休止符。無碳通訊車輛暨移動裝置研究所的「橫向領域暨自動駕駛與互聯汽車事務」總監穆罕默德・謝里夫・拉哈爾（Mohamed Cherif Rahal）指出：「美國國防高等研究計畫署（DARPA）的大挑戰賽（Grand Challenge），重新點燃了大家對自動駕駛汽車技術的興趣。」

DARPA是美國軍事科技研究實驗室。大挑戰賽則以賽車形式組織比賽，目的是為了推動無人駕駛車輛的發展；第一屆於二〇〇四年在美國西部的莫哈維（Mojave）沙漠舉辦。

第二屆賽事創造了歷史。史丹利（Stanley）自動駕駛汽車，在這次比賽獲得勝利；這輛由加州史丹佛大學研究人員改造的福斯 Touareg，是第一輛能夠在不到七小時內完成兩百一十二・七公里賽道的無人駕駛汽車，平均時速三十・七公里。

媒體對該次活動熱烈報導；美國《連線》雜誌對史丹利自駕車的崇高讚譽，令記者們記憶深刻，該雜誌在二〇〇〇年代特別受關注，可說是科技趨勢的溫度計。

二〇〇七年比賽更名為「美國國防高等研究計畫署的城市挑戰賽」（DARPA Urban Challenge）。比賽場地從沙漠地形換成市區道路。為了這場比賽，幾所美國大學還有一些歐洲企業（尤其是德國公司）都參與其中。在城市場景中，汽車必須以無人駕駛模式遵守交通標誌，擠進由人類駕駛的車陣中，甚至操作停車。「自駕這個主題就是從當時開始興起。」拉哈爾說道。

儘管如此，**這波新熱潮還是由谷歌推動的**。這家網際網路巨擘已經著手處理自動駕駛相關問題，尤其是聘請德國電腦工程師塞巴斯蒂安・特倫（Sebastian Thrun），他曾經帶領史丹佛大學團隊設計出史丹利自動駕駛汽車。

招募新成員後，谷歌的自動駕駛汽車計畫於二〇〇九年啟動。該計畫後於二〇一六年從公司獨立，改為成立 Waymo 公司，成為 Alphabet 公司旗下的子公司（Alphabet 即谷歌母公司）。

工程師們的辛苦工作看來已經有了成果；該公司現在為美國亞利桑那州鳳凰城

提供無人駕駛的叫車服務，用戶可以使用手機上的應用程式預定叫車，就像傳統的叫車服務。只不過現在是一輛沒有司機的無人空車，到達指定地點。

許多體驗過該服務的網友在YouTube發布影片，他們坐在後座拍攝方向盤自己轉動的情形，甚至在進入車流時，就好像有個隱形人在操控一切！場景相當震撼[37]。

看到這些畫面時，人們覺得難以置信，接著開始思索：自動駕駛的目的到底是什麼？從科技變化的角度，這非常讓人驚豔；但這可能也讓計程車司機失業，這是一個實用的技術嗎？

答案主要在於錢，正如隨著Uber前老闆所言：「**司機是共享運輸服務中最昂貴的一環。**」所以，少了司機就可以省錢。這種觀點可能會產生地震般的社會效應；不少人們希望看到政治家和企業家能接管這些問題，對此公開辯論，但目前仍沒人做出行動。

電動車難題：要撞牆還是撞行人？

然而，還有另一個原因支持發展汽車的自動化和自主化：安全性。機器比人類駕駛得更好！「這是馬斯克非常強調的論點。」前特斯拉員工查恩證實道。嗯，是的，人類可能會注意力分散、心不在焉……而**機器可以冷靜專注於道路狀況，認真計算各種數據**。

不過，測試的實際情況，是否應證了這個假設前提？二〇一六年七月十四日，谷歌自駕車首次出現意外，與加州山景城（Mountain View）市區公車發生車禍。

自駕車當時以時速三公里的速度行駛，在變換車道時與一輛時速二十五公里的公車發生碰撞；事發當時，自駕車演算法誤判了公車的行為。谷歌在新聞稿中承認：「我們顯然要負擔車禍的部分責任，因為如果我們的汽車沒有移動，就不會發生碰撞。」[38]這場車禍僅造成該輛自駕車的鈑金有些凹陷。

二〇一八年三月十九日，發生了史上第一樁自駕車車禍致死案。當晚在美國鳳凰城郊區的坦佩市（Tempe），有一位女性居民遭 Uber 自動駕駛汽車撞死。

受害者伊萊恩．赫茨伯格（Elaine Herzberg）當時正推著自行車過馬路，一輛

---

37 作者按：例如二〇二一年的這段影片：https://bit.ly/3sdE9Je。
38 作者按：請參閱ＢＢＣ報導：https://www.bbc.com/news/technology35692845。

自動駕駛的 Volvo XC90 休旅車撞上她。該實驗車並非無人空車，坐在車內負責監督測試的人員沒有及時反應。坦佩市警方公布駕駛座攝影鏡頭錄下的畫面甚至顯示，該名負責監督的人員並沒有保持專注，看向前方擋風玻璃。「在錄影畫面結束前幾分之一秒，他抬起頭看前方路面，臉上露出震驚的表情。」《科學與未來》網站當時如此描述[39]。

這起意外引起全球媒體轟動、科技界人士震撼，Uber 立即決定暫停其在北美的研究計畫（隨後又恢復，二〇二〇年十二月底，Uber 將自動駕駛汽車研究部門轉售給自駕技術新創公司 Aurora，Uber 也持有其股份）。

這是一場災難，但並不令人意外。專家們一直討論著**自動駕駛汽車的道路意外是不可避免的。這將是必須付出的代價**。最後，公司才會配備效率充分的設備，讓這些自動駕駛汽車在學習駕駛時，能夠減少道路死亡人數。

自動駕駛汽車和保護個人之間的問題，引證了類似「有軌電車難題」的思想實驗。該思想實驗首次於一九六七年提出，分析思考的問題內容如下：

一輛失控的列車在鐵軌上全速行駛。前方軌道上有五個人，列車即將輾壓到他們，除非司機手動將列車切換到另一條只有一個人的軌道。

為了減少受害者人數，切換到另一條軌道是道德的嗎？

這個問題在發展自動駕駛汽車時被廣泛討論。最後歸結為一個問題：如果意外是無法避免的，要選擇哪個受害者？想像一下，會是哪些人？也許是小孩子突然穿越馬路：此時自動駕駛汽車**是否應該轉向，冒著撞牆以及乘客死亡的危險？**還是應該**把乘客的生命放在第一位，選擇衝撞路上行人？**

這種殘酷的選擇，反映了機器的道德問題。然而正如坦佩市的意外事故所顯示，自動駕駛汽車的安全性，更是討論的焦點。這明確指出了自動化技術發展過程中的困難。從那以後還發生了幾起致命車禍，而特斯拉自駕車的不幸消息尤其備受關注。

二〇二一年九月，一輛 Model 3 在南佛羅里達州南部衝出路面自撞，兩名年輕人死亡。再幾個月前，也就是四月，德州斯普林（Spring）一輛特斯拉汽車因撞上

---

39 作者按：https://bit.ly/3serl5C。

一棵樹並引發火災，導致車內兩名乘客喪生。該事故受到兩位美國參議員關注，去函美國公路交通安全管理局要求徹查，這是涉及特斯拉的第二十八次調查，他們對此表示擔憂。

斯普林的事故，是使用者誤解 Autopilot 輔助駕駛的安全性引起的嗎？無論如何，兩名死者的屍體被發現時，其中一人在副駕駛座上，另一人在後座上。方向盤的位置並沒有人……。

「要撞到了！」未來就靠汽車之間彼此溝通

由於特斯拉將其最新版本的自動駕駛系統命名為「完全自動駕駛」，更加容易造成混淆。儘管名稱如此，但它仍然只是一種駕駛輔助系統，正如特斯拉在其網站上所說，以及我們在前面具體說明的情形一樣，駕駛員必須全神貫注，將雙手放在方向盤上，以便能夠隨時接手操控。

不可避免的，這些悲劇引發人們質疑自動駕駛汽車對數據的了解和處理效率。二〇二一年十二月十一日，巴黎發生一起案例：「一名駕駛特斯拉的計程車司機失去對車輛的控制，導致事故發生；造成一人死亡，二十餘人受傷。特斯拉否認有任何技術故障，而接受調查的司機則聲稱，汽車失去控制，煞車沒有反應。他已經對特斯拉提出告訴。」[40]

此後不久，二〇二二年一月，法國商業週刊《挑戰》披露了一份專家報告，事關二〇一七年四月十二日在法國A6高速公路上發生的一起可怕事故，標題為：「當特斯拉的Autopilot自動輔助駕駛系統看不到障礙物」[41]。

這項安全問題，也是法國數位倫理駕駛委員會意見書的重點。「任何車輛在上路之前，都應該通過嚴格的檢查和驗證程序。」共同報告員泰西爾強調。

這位專家指出，這個議題不僅涉及汽車，也和汽車的使用環境有關：「整個道路基礎設施都必須考慮到。**自動化駕駛車輛是可以溝通訊息的車輛，它們之間能互相交換訊息**，同時也和道路沿線未來將安裝的設備交換訊息。整個系統必須構成極其安全的運作框架。」

40 作者按：請參閱路透社快訊：https://reut.rs/3OZnjYm。
41 作者按：https://bit.ly/3kMFEKx。

關於這些道路設備，數位倫理駕駛委員會主任基什內爾強調了一項事實，即建造這些設備所需的投資，大多還是未知：「未來我們將在道路建造大規模的數位基礎設施。為了實現這些計畫，我們**在稀有金屬、銅、光纖等資源需要如何部署？原物料供給是真正的難題**。更何況，這些設備必須經得起長期使用，不能每半年就全部更新！」

我們可以看出，自動駕駛汽車的發展氣象已經改變了；從十五年前的狂熱（當時以為在二〇三〇年之前，全世界都會使用這項技術），到現在充滿更多不確定性的時期。

目前有兩個主流聲音，第一個來自大西洋左岸，如谷歌或亞馬遜等大型公司；亞馬遜的 Zoox 自動駕駛計程車，在自動化駕駛和貨物與人員共享乘車方面持續向前推進。

拉哈爾說：「這些人喜歡討論物流和地圖的問題。他們可以投入大型實驗，因為美國立法向他們開放了大片的土地，不僅人口稀少且道路形式單純；那裡的環境幾乎沒有行人，雙向道有中央分隔島或黃線、道路筆直，十字路口呈直角交叉。環境比歐洲郊區整齊劃一得多。然而，如果把谷歌自駕車放在歐洲郊區，可能很快就迷路……。」

另一個趨勢則在歐洲興起。除了高端產品，如前面提到賓士的三級自動駕駛車輛，其餘自動駕駛汽車計畫比較關注於**發展公共交通，並且是在專用車道上行駛**，「而不是在開放的道路上，旁邊還有公共汽車和摩托車穿梭其間。」拉哈爾說道。

但即使是這些用於公共運輸的自駕車輛，也尚未完全成熟。在備受矚目的東京帕運期間發生的事故，便見證了這一事實。二〇二一年夏天的車禍，使製造商日本豐田汽車的公司名譽遭受打擊……對運動員北園新光來說更是如此。

這位視力受損的柔道運動員於某個十字路口，被接送運動員的 e-Palette 自動駕駛巴士撞倒。北園新光雖然只受到輕傷，但也因此被迫中斷比賽。豐田公司社長豐田章男在 YouTube 發布道歉影片，並認為這起事件證明了：「完全自動駕駛汽車尚未準備好在正常道路上使用。」[42]

對於特斯拉和其他同業而言，我們不知道完全自動駕駛未來會如何發展，但這條路看起來的確不太平順。

42 作者按：路透社的報導影片：https://bit.ly/3vN0gsl。

光學雷達，馬斯克的詛咒？

何謂光學雷達？馬斯克曾經批評這只是一種「傻瓜差事」，任何依賴光學雷達的人都注定失敗、注定完蛋！那麼，這位億萬富翁企業家公開抨擊的這門技術到底是什麼呢？

要定義光學雷達，不妨藉由雷達來說明。我們知道，雷達會發射電磁波，一旦接收到障礙物反射，便可藉此計算出障礙物的距離。光學雷達運用相同的工作原理，只不過它是用一種特殊的電磁波，那就是光。但注意，這不是普通的光，因為光學雷達發射的是雷射光。

這種高度聚焦的光在雷達作用下成為以直線漫射的光束，當它到達一個物體，例如前面的汽車或路邊的樹，一部分光便會朝光學雷達反射回來；因此，從反射光可以計算出各個物體的距離，即構成周圍環境的靜止或移動的物體。這一現象在非常高速下進行，光學雷達蒐集了無數的點，可即時創建3D虛擬環境複本。

然而，馬斯克認為光學雷達行不通，而且還很糟。不過並非每個人都同意這個看法，因為大多數自動駕駛車輛的製造商，已經將它整合到感測器面板中。例如，在非常著名的賓士車款，不久即將以三級自動駕駛系統上市，便配備了法國法雷奧的光學雷達！法雷奧是一家法國汽車零件製造商，它在官網表示這種3D雷射掃描儀，每秒可以檢查車輛前方環境二十五次。

它還配備了創新的清潔系統，這正是引起馬斯克不滿的一個致命弱點。德維爾指出，光學雷達對髒汙非常敏感。如果遇到泥漿噴濺，就很可能發生危險。

因為光學雷達必須透過雷射光來測量距離，而灰塵沉積將會妨礙其視覺，以至於難以正常運作。為了避免這個問題，法雷奧為其最先進的光學雷達配備了可噴灑「液體簾幕」的裝置，能夠徹底清潔光學雷達的正面。噴灑清潔液的伸縮式噴嘴，還可以透過加熱為光學雷達除霜。

從霜到霧，只有一步之差。這也是這項技術的另一個問題。濃霧限制了探測範圍，並妨礙光學雷達在這樣的天氣條件下正常運行。「如果這些缺點不是太嚴重，光學雷達的精確度非常高，能夠重建從環境掃描而來的圖像。」德維爾說道。這些論點最終能打動馬斯克嗎？

二〇二一年五月，汽車技術諮詢顧問格雷森·布魯特（Grayson Brulte）在美國佛州拍到一些照片，並公開發布在推特上，結果在科技界引起了轟動。

這些照片顯示，一輛特斯拉 Model Y 配備了由專業光學雷達製造商 Luminar 開發的光學雷達。彭博社因此推測，馬斯克可能已改變主意，最後決定採用這項技術。

但這項消息並沒有獲得特斯拉或 Luminar 證實。此外，布魯特拍攝到的光學雷達也有可能用於其他方面，據彭博社報導一位分析師指出：「最有可能的情況是，它被用來校準自動駕駛系統的攝影機鏡頭。」

值得注意的是，特斯拉曾宣布，從二〇二一年五月起銷往北美市場的特斯拉 Model 3 和 Model Y 不再配備雷達！此後改成完全依賴攝影機鏡頭的「Tesla Vision」來推廣 Autopilot 自動輔助駕駛系統。

不過，雷達仍未完全停用，因為 Model S 和 Model X，以及所有銷往世界其他地方的特斯拉車輛，仍繼續配備雷達技術的 Autopilot 系統。看來雷達會和光學雷達一樣，成為馬斯克的「詛咒」之一。

4 第五種交通方式，超迴路列車

馬斯克是位魔術師。他有一種讓自己看起來像發明了一切的技巧。就拿「超迴路列車」（Hyperloop，見下頁圖 2-2）來說，這是關於超高速列車的計畫；此列車會在低壓管道中行駛，可以跑得跟飛機一樣快！

自從馬斯克在二〇一三年發表一份五十七頁的白皮書，提出超迴路列車的概念後，這個名詞就與他緊密相連。**這位億萬富翁勾勒出超迴路列車的未來願景，即成為繼火車、飛機、汽車和船之後的「第五種交通方式」**。

這個概念是列車的乘客會坐在一種實際上懸浮的「膠囊運輸艙」內，這種膠囊運輸艙安裝於高架橋上的巨大套管裡，管道彼此連接成網。這些列車也沒有輪子，它們與這些類似巨大油管的套管內部，沒有任何接觸點。

由於沒有摩擦力，使得列車耗損能量極低（沒有摩擦的損耗消散）。該列車配備了電動馬達，並使用可再生能源，例如在基礎設施上裝置太陽能板。簡而言之，這是一種既環保又快速的交通方式：三十五分鐘內即可從洛杉磯抵達舊金山（約三百八十二英里），換作開車需要大約六小時。

建立在特斯拉和 SpaceX 的技術基礎，這就是超迴路列車所作出的承諾。然而，**在馬斯克於二〇一三年提出此計畫之前，真空套管中移動的高速列車計畫早已存在。**

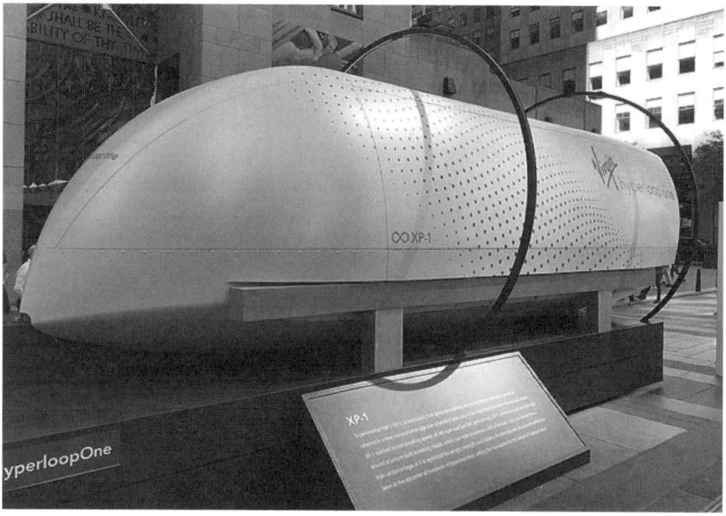

▲圖2-2 維珍超級高鐵（見第206頁）開發的XP-1型試驗車。關於「第五種交通方式」，馬斯克這次的貢獻是：讓它引起全世界注意。

（圖片來源：Z22, CC BY-SA 4.0, https://commons.wikimedia.org/w/index.php?curid=82608745。）

這個想法最初源於科幻小說，正如這位億萬富翁慣用的創意發想來源。科幻小說之父凡爾納在一八八九年的短篇小說《在二十九世紀或二八八九年，一位美國記者的日常》（*Au xxixe siècle ou la journée d'un journaliste américain en 2889*）[43]中，提到過類似的發明。

事實上，還有其他先驅者也在幾十年前就已經研究過這個主題。例如一九九〇年代，美國小型公司ET3已經申請了幾項關於真空管道中的膠囊運輸艙專利；千禧年之初，瑞士地鐵（Swissmetro）也曾探索過這個想法，但最終敗給了二〇〇八年的金融危機。

當然，除了交通運輸界的專業人士，多數人仍對這項發明很陌生。因此，**馬斯克的真正貢獻是：讓這種「第五種運輸方式」引起全世界注意**。同時這也是向大眾誇耀自己的大好機會，多數人仍然相信，超迴路列車是馬斯克的天才點子！

「他宣傳了這個概念。但是今後，必須『讓凱撒之物歸凱撒』[44]。我們的技術

43 作者按：真正作者可能是米歇爾・凡爾納（Michel Verne），即這位名作家之子。
44 編按：出自《聖經》，下句為：「把上帝的東西給上帝。」常被用來分別善惡、黑白等相對狀況。

是屬於我們的，與馬斯克提到的那些沒有關係。」塞巴斯帝安．讓得隆（Sebastien Gendron）評論道。讓得隆是加拿大超高速交通列車製造商 TransPod 公司的聯合創始人及總裁，該公司正在開發同名的真空管列車。

事實上，這種列車是利用電磁懸浮原理運作：由電磁裝置所產生的磁場，使車輛能漂浮於管道中；在馬斯克的超迴路列車中，膠囊運輸艙必須漂浮在「加壓氣墊」上。

然而，超迴路列車仍然與馬斯克的名字相連一起，就像牢牢黏在哈達克船長[45]手指上的OK繃。即使如此，超迴路列車白皮書一發表，這位億萬富翁就宣布……他不打算自己開發這個項目！

雖然馬斯克沒有花一分錢來投資商用超迴路列車，但**他鼓勵其他人代行其事**。例如，為了刺激這個新萌芽的生態系統能蓬勃發展，馬斯克在二〇一五年至二〇一九年期間，由 SpaceX 贊助舉辦「超迴路列車競賽」（Hyperloop pod competition，看來新冠肺炎疫情也影響了該行動）。

在超迴路列車這個項目上（就像其他主題），馬斯克終於再次扮演他極為享受的角色——影響潮流或嗅到潮流趨勢的人。讓得隆說：「他認可這個主意，並向業界發出信號，表示這是一個值得深入鑽研的好點子。」

TransPod 公司宣布已獲得五・五億美元的資金[46]，預計在加拿大愛德蒙頓市（Edmonton）和其機場間，建造一條長十七公里的連接管道；這將是愛德蒙頓市和另一個城市卡加利（Calgary）之間，總長三百公里路線的第一段，預計在二〇三〇年和二〇三五年之間完成全程路線。

未來，列車將能以時速一千公里載運乘客和貨物，愛德蒙頓市到卡加利之間的行程將可在四十五分鐘之內抵達，目前這段路程開車需要超過三個小時。

過去超迴路列車的發展路途艱辛，而 TransPod 的進展對於超迴路列車來說，是相當正面的訊號。因為現實情況令該領域的業者憂心忡忡。

以加州的「超迴路列車運輸技術公司」（Hyperloop TT）為例：該公司於二〇一七年在法國土魯斯（Toulouse）設置研發中心，已建立三百二十公尺長的測試管道，另外還打算建造一公里長的新管道系統。但這個新管道系統不會實現了，據二

45 譯按：capitaine Haddock，《丁丁歷險記》的人物。

46 作者按：出資者是英國公司「布勞頓資本集團」（Broughton Capital Group）和中國國有公司「中經東源進出口有限責任公司」。相關新聞稿請參閱：https://tinyurl.com/2p8z3yyk。

〇二一年十二月三日《南方快報》（*La Dépêche du Midi*）登載：「Hyperloop TT 向土魯斯市要求放棄租約，該租約原訂在土魯斯—弗朗卡薩爾（Toulouse-Fracanzal）的場地上建造全長一·二公里的測試管道，以供新的超迴路列車專用。」[47]

另一家積極開發超迴路列車的是「維珍超級高鐵」（Virgin Hyperloop）[48]，它在美國內華達州建造的五百公尺測試管道曾引起轟動，於二〇二〇年十一月首次載人試車。

兩名乘客是自家公司員工，他們坐在超迴路列車內，時速達一百七十二公里，十五秒內就跑完全程[49]。但在二〇二二年二月，計畫突然生變！「維珍超級高鐵宣布放棄運載乘客，將專注於發展貨物運輸，因此解僱了一百一十一名員工（相當於五〇%）。」《金融時報》（*Financial Times*）寫道[50]。

維珍超級高鐵公司之所以重新調整定位，很可能是因為事實上該公司七六%的資本屬於杜拜港口營運商，即「杜拜環球港務」（DP World）集團，其在運載貨物的需求超過運載乘客[51]。

Hyperloop TT 或維珍超級高鐵發展不順，也不能完全代表超迴路列車的前景。其中也有表現突出的公司，包括西班牙的 Zeleros，該公司由前超迴路列車競賽參賽者創立，現與瓦倫西亞（Valencia）港口[52]合作；荷蘭的 Hardt Hyperloop，則獲得歐洲和荷蘭政府支持；波蘭的 Nevomo，也已和義大利鐵路公司簽署協議，打算將傳統鐵路升級為磁浮系統（Maglev，目前日本原型車已達到時速六百零三公里的紀錄）。

讓得隆指出：「另外還有兩個重要的官方參與者。南韓政府從二〇一一年開始資助韓國鐵路研究院（KRRI）的 Hyper Tube 計畫，所以從這裡可以看出，時間是在馬斯克宣布之前。二〇二〇年進行的磁浮式模型測試，時速已達到一千公里。而中國也開始對超迴路列車感興趣，投注了數百萬的資金。」

47 作者按：https://bit.ly/38WoAij。
48 編按：二〇二二年十一月，該公司脫離維珍品牌，恢復其最初名稱「Hyperloop One」。
49 作者按：https://tinyurl.com/4746wx7w。
50 作者按：https://reurl.cc/xleZmb。
51 作者按：從二〇一六年開始，法國國家鐵路（SNCF）一直是維珍超級高鐵公司的合作夥伴。對法國國家鐵路來說：「目標是成為這種新型移動方式的先進技術之前哨，不過，也要了解其在服務方面的優勢和限制。」
52 編按：西班牙第三大城市、第二大海港，號稱歐洲的「陽光之城」。

地上無法解決，只好挖一條「地下高速公路」

馬斯克似乎越來越少涉入超迴路列車，但正如我們所說的，同業確實可能厭倦了馬斯克鳩占鵲巢的行事方式。「他在同行之間的風評不太好。」讓得隆評論道。像亞馬遜這類的營運商，理應對高速真空運輸原理有興趣。但是，只要一提到馬斯克，就令貝佐斯感到厭惡，**亞馬遜集團也因此更難有機會參與超迴路列車計畫**。

公共交通的話題，始終與 SpaceX 和特斯拉的老闆連結在一起。事實上，他還擴增了一家新公司專門挖隧道！這將使開車的人，能夠避開擁擠道路和地面上擁堵的車流。

這家「無聊公司」（The Boring Company）[53]，是他在二〇一六年十二月發了一條推文後誕生的，這條推文也是他諸多有名的推文之一，他寫道：「交通堵塞讓我超不爽。我要製造一臺隧道挖掘機，開始挖隧道。」

於是，二〇一七年二月，他的第一臺隧道挖掘機於 SpaceX 所在地洛杉磯霍桑市（Hawthorne）開始按計畫鑽探地底。不過其中涉及了私有土地，馬斯克竟然可以未經許可逕行開挖。

因為對許多人來說，管道和隧道似乎相差不遠，而且馬斯克挖掘的地道也被稱為「迴路」（loop），從字面上很容易和「超迴路列車」（Hyperloop）混淆。然而，這兩個項目沒有關聯。

無聊公司鑽的地洞，並非為了安裝地下真空管道供超迴路列車行駛，而是為了**建造能使自動駕駛的電動汽車，以高達兩百四十公里時速行駛的地下道。**也就是讓特斯拉在地下行駛！對該公司來說：**「這更像是地下高速公路，而不是地鐵。」**[54]

二〇一八年十二月，馬斯克向世人揭幕他的第一條隧道。據參加說明會的《洛杉磯時報》（*Los Angeles Times*）指出，這是「在霍桑街道地下十幾公尺處」，挖掘的一條不到兩公里的隧道。然而這段地下旅程並未獲得該報的熱烈好評。因為在行駛時，特斯拉並沒有啟動自動駕駛模式，時速最高也只有八十五公里，而駕駛員是一位王牌車手，他是印第安納波利斯五〇〇大賽（Indy 500）的老將。

該報寫道：「Model X 行駛在混凝土臺階上，這些臺階有的地方很不平整，感

53 編按：Boring 既有「無聊」又有「鑽孔」的意思。

54 作者按：請參閱無聊公司官網：https://www.boringcompany. com/loop。

覺就像未經鋪平的土石路。」馬斯克則辯解道：「我們的施工時間很短！」而且用的是一臺性能不太好的壓路機……。

但這位億萬富翁深信，有了無聊公司的技術，以及自己研發的隧道挖掘機[55]，其挖掘速度比會最強的競爭對手「快十五倍」[56]。不過專家們對此抱持懷疑。

洛杉磯的**地下隧道計畫會對環境造成什麼影響？**要確認這點，必須先進行精密研究；這類大型工程受到《加州環境品質法》（*California Enviromental Quality Act*）監管，研究工作必定需要花上一段時間。

洛杉磯地鐵創新辦公室的前負責人喬舒亞・尚克（Joshua Schank）於二〇一七年指出：「要優先考慮的不是技術，而是環境問題，」[57]接著又說：「你可以擁有最快的隧道挖掘機和最好的交通工具，但這一切都不會影響政策或環境。」

一如既往，外界的批評並沒有阻止馬斯克。一群「傻多客」（Les Shadoks）[58]開始抽水並繼續往地下挖[59]。在拉斯維加斯，馬斯克的無聊公司還建造了一條不到三公里的地下高速隧道，這條「拉斯維加斯會議中心迴路」（loop LVCC）連接了特斯拉汽車行駛的三個站點，車內配備司機。

在二〇二二年消費性電子展（CES）期間，這條迴路搭載的乘客，據無聊公司宣稱：「每天乘客人數約一萬四千至一萬七千人，平均旅程時間不到兩分鐘，平均候車時間不到十五秒。」[60]參與搭乘的人員拍攝了許多影片記錄旅程；這些影片可在 YouTube 頻道觀賞。

---

55 作者按：第一臺挖掘機命名為果陀（Godot），來自法國作家塞繆爾．貝克特（Samuel Beckett）的戲劇作品《等待果陀》（*En attendant Godot*）。馬斯克向來喜歡引用科幻作品，這次倒是令人驚訝的偏向形而上學。

56 作者按：https://reurl.cc/ykWgry。

57 作者按：https://tinyurl.com/nhz4ex4c。

58 譯按：法國著名電視動畫節目，傻多客是一群做事方法和想法很無厘頭的生物，長得有點像鳥。

59 作者按：馬斯克的目標是加快挖掘速度，並降低三〇%成本，如果傳統挖掘機業主不認真看待無聊公司——就像二〇〇〇年代初那些巨頭對 Space X 的態度——那麼，他們將來有可能失去大量市場機會。

60 作者按：https://www.boringcompany.com/lvcc。

第 3 章

腦機介面——與人工智慧共生

1 人工智慧，打不贏就加入它

二〇一四年十月二十四日，馬斯克受邀麻省理工學院（MIT）論壇。他坐在鋪有紅色布幕的臺上，旁邊是剛才和他進行訪談的海梅・佩賴雷（Jaime Peraire）教授，也是這所頂尖名校的航空暨航太系主任。

接受觀眾提問時，馬斯克被問到該如何避免因成本考量，而將工業基地從美國轉至海外的情況，以及關於月球上有待開發的資源；還有人問他是否打算親自上太空！雖然沒有真正回答最後一個問題，但他的口吻輕鬆和善；這位企業家甚至有幾次讓聽眾笑了。但突然間出現了一個提問，令氣氛瞬間凝結。

提問人名叫鮑伯（Bob），這位蓄著絡腮鬍的聽眾表示，鑑於人工智慧領域相當具革命性，所以詢問馬斯克是否打算投資人工智慧[1]？

馬斯克回答：「我認為我們應該對人工智慧非常謹慎。」他立即說明了自己的想法：依他看，**人工智慧可能會對人類構成「生存威脅」**。他認為：「我們有必要在國家和國際層面上進行監管，以確保人類不會利用它做一些瘋狂的事情。」他甚至直言：「隨著人工智慧發展，我們可能正在召喚惡魔！」

鮑伯則追問：哈兒九〇〇〇（HAL 9000）是否因此不會出現在火星之旅？為了使人們更明白他的看法，馬斯克強調：「與人工智慧目前看出的可能性和風險比起來，哈兒九〇〇〇只是一隻小狗狗。」

小狗狗？我相信大多數人過去一直把它看成比特犬……讓我們回顧這個著名的哈兒九〇〇〇的身分來歷：它是一部具有視覺和語音界面的電腦。上頭的紅色指示燈，活像是盯著人看的血紅眼睛。對它下指令時不用敲鍵盤，只要對著它說話，它會以溫和流暢的聲音回答。它的外觀超級簡單樸素，但底下潛藏的是一隻猛虎，擁有驚人的人工智慧。

這就是哈兒九〇〇〇。導演史坦利・庫柏力克（Stanley Kubrick）《二〇〇一年：太空漫遊》（*2001: A Space Odyssey*）裡的一部超級電腦，也是電影中的一個

---

1 作者按：https://bit.ly/38UdHxM。

「角色」。

該片於一九六八年上映，以其嚴謹的科學考究受到矚目——人工智慧先驅馬文・明斯基（Marvin Minsky）[2]甚至向庫柏力克提供建議。該劇本內容豐富，主要講述一艘太空船從地球到木星的旅程。

船上有五名組員，其中三位處於冬眠狀態。保持清醒的兩位，分別是大衛・鮑曼（David Bowman）和弗蘭克・普爾（Frank Poole），他們與最先進的人工智慧設備是太空船上的夥伴，該設備是一臺無所不知且萬無一失的機器哈兒九〇〇〇。然而最後，哈兒九〇〇〇變得瘋狂並危害到了任務[3]。

這部電影上映距今已五十餘年，哈兒九〇〇〇仍是人工智慧風險的終極化身。確實，人工智慧現在已成為媒體到處談論的主題。那麼它到底是什麼意思？

讓我們引用一位專家說的話——法國資訊暨自動化研究院（ＩＮＲＩＡ）研究中心主任伯特蘭・布倫瑞克（Bertrand Braunschweig），在二〇一九年《科學與未來》雜誌人工智慧特刊的訪談中表示[4]：「**這是讓機器去執行需要人類智慧的動作。也就是感知、推理、學習、協作、做出決定等。**」

這是一個龐大的計畫。ＡＩ兩個字母只是冰山一角，在冰山底下還有難以置信的浩繁工作；其多樣性表明了這個研究領域的非凡活力……儘管它其實已經存在了六十年之久！

然而，到了二〇〇〇年代初期，一切都改變了；主要是因為電腦計算能力提高和網路的出現。網路使得全球各地的數據可以輕易共享，提供了訪問大量資訊的途徑，並且可透過新的科學方法加以運用。

這些數據使現今知名的「機器學習」（machine learning）得以實現，機器學習這種自動學習的方法，讓矽腦[5]可以自行找到正確的操作方式，不用人類協助，只須簡單的「研磨」數據即可。

這種背景環境尤其有利於促進人工智慧的研究，在二〇一一年至二〇一二年期

2作者按：美國數學家和認知科學專家，是一九五九年人工智慧實驗室的聯合創始人，該實驗室後來成為麻省理工學院的「電腦科學與人工智慧實驗室」（ＣＳＡＩＬ）。

3作者按：應該說哈兒是發瘋了，還是受到某種程序錯誤而影響？但這似乎不可能，因為它應該永遠不會出錯……《二〇〇一年：太空漫遊》並沒有說明這點，而是留給觀眾自由詮釋的空間。

4作者按：請參閱《科學與未來》第一九九期特刊。

5作者按：從沙子中萃取出來的「矽」是製造微處理器的基本元素，而電腦運作必須依靠微處理器。

間情況非常明顯。當時ＩＢＭ的超級電腦華森（Watson），成為第一個在美國益智節目《危險邊緣》（*Jeopardy!*）中打敗人類挑戰者的人工智慧[6]！此外，人工神經網路也開始具備識別圖像的能力。

上世紀末，人工智慧研究領域開始受到質疑，正如鮑伯對馬斯克所說，如今人工智慧的創新潛力令人頭暈目眩，還經常令人不禁擔心。

人工智慧將來有一天會反抗人類嗎？雖然這種科幻場景，對某些人來說似乎有些誇張[7]，但馬斯克始終對此抱持嚴肅態度。

他和已故的物理學家史蒂芬．霍金（Stephen Hawking）、蘋果共同創始人史蒂夫．沃茲尼克（Steve Wozniak）等人共同簽署了一封公開信，於二〇一五年七月二十八日在網路上發表，信中警告了「**自主武器**」（lethal autonomous weapons）將帶來的危險。

他們強烈譴責這類武器，因為**它可以在沒有人為干預下，自主決定是否開火**。依馬斯克看，按照現在的人工智慧發展，已經可以預見在未來幾年內，達到建造這種自主武器的水準。據馬斯克連署的公開信所言，自主武器將成為繼「火藥和核武發明之後」的第三次「戰爭技術革命」。

人工智慧的來臨似乎無法避免，而馬斯克顯然沒有坐視不管。我們非常了解這不是他慣有的行事風格，但他的反應行動卻出人意料。馬斯克認為，解決途徑只剩一條：以惡制惡。

換句話說，**為了讓科技不超越人類……科技必須深植在人體裡**[8]**！**

當「念力」終於被發明，生化人時代到來

這個想法看起來很瘋狂，不過這確實是 Neuralink 的計畫。《華爾街日報》披

---

6 作者按：此節目的進行方式有些複雜——由主持人先講出「答案」，參賽者則必須說出相關的問題。例如：主持人說「弗拉德．采佩什」（Vlad Tepes），參賽者就必須說出：「哪個歷史人物啟發愛爾蘭作家伯蘭．史杜克（Bram Stoker）創作《德古拉》（*Dracula*）的靈感？」

7 作者按：正如布倫瑞克在上述訪談中所言，人工智慧引發的最實際擔憂：「首先是就業、不平等，以及這些系統可能包含的偏見。」

8 作者按：馬斯克的另一個行動是在二〇一五年底，和別人共同創立了 OpenAI 人工智慧研究實驗室，目的是促進和發展「使人類整體受益的人工智慧」，其官網如此解釋道。

露，Neuralink是馬斯克低調成立的一家新創公司[9]，二〇一六年七月在加州註冊為醫學研究公司。據報載，當時有人談論要在大腦中創造「人工智慧層」，以便人類達到「更強大的運作能力」。

就在一個月前，馬斯克在另一場由美國科技新聞網站「重新編碼」（Recode）[10]舉辦的會議上提及這個想法。在該次會議上，他提到了**在人與機器之間建立神經連結的可能性**。

這位企業家的願景，雖然在技術上仍有些模糊，但他僅用幾句話就把問題表達清楚：例如，**如何找到提高人類智力的方法，以免有天被人工智慧的智力超越？**他在該次會議上直接拿動物做比喻，向大家說明和人工智慧比起來，我們很快就會變成像個小寵物。

馬斯克開玩笑的說：「我不希望自己會成為一隻寵物貓。」接著嘗試解釋他的想法：「就像我們的大腦皮質與邊緣系統[11]共生一樣，將來應該會有一種與皮質一起工作的數位層。」

這則矽谷神諭，是否悄悄預示了生化人時代的到來？這不是誇大其辭，因為照他的說法，人類社會已經到達了這種階段：「每個人的『數位版』都已經存在於網路上了，例如我們的電子郵件、社交媒體帳戶……它賦予我們的超級權力，已經超過了二十年前的美國總統。現在，我們可以在線上參加任何會議、聯繫任何想聯繫的人，而且立即就能辦到！更別說那些在網路上發生的不可思議之事了。」

據馬斯克表示，該系統仍可高度擴充，他感嘆道：「我們的眼睛可以快速處理大量資訊。但使用手指輸入訊息的系統，卻仍慢得令人難以置信。」他認為我們需要利用和電腦的連結，並稱其為「神經蕾絲」（neural lace），這也是來自科幻小說中的概念；再次引用班克斯和其作品《文明》。

那麼，要如何將這樣的裝置融合在人類的身體裡？在「重新編碼」會議上，馬斯克提到或許可以「透過靜脈或動脈進入神經元」。然而，這聽起來並不是很有說服力。因為，雖然血液在全身循環以供應大腦血液，但由於受到與血管相連的「血腦屏障」保護，進入腦部的血液其實非常有限。

9 作者按：https://on.wsj.com/3M0P3Kc。

10 作者按：https://bit.ly/3Fiad49。

11 編按：支援情緒、行為及長期記憶的大腦結構。

昂熱大學（Université Angers）醫院中心部門主任、神經外科教授菲利普・梅內（Philippe Menei）解釋：「這些血管的結構就像一棵樹，靠近末端分支就越來越細，最終成為微血管。這些血管通常或多或少可滲透。如果將某種物質放入血液中，最終它會從微血管中被釋放出來，進入其支配的器官。」

但大腦的情況不一樣，腦部血管是密封防滲的——就是所稱的血腦屏障。這些血管不允許分子通過，除非是在非常特殊的條件下，才讓獨具某種化學特性的分子穿透。

那麼，大家可能會想知道，馬斯克的裝置要如何透過血管到達大腦？目前唯一的選擇就是動刀。二〇一六年六月在「重新編碼」會場上馬斯克被問到：「你說的是用手術方式植入的裝置嗎？」然而，大眾想得到馬斯克的正面回答，還需要再多一點耐心等待……。

二〇一九年七月十六日在舊金山舉行的一個創新科技活動中，馬斯克終於解釋了他的想法——這次是將晶片放入大腦。其研發的裝置包括一個微型探頭，探頭上配備了三千多個微電極，連接到大腦的表面，即大腦皮質。

目的是什麼呢？據馬斯克的說法，這是為了「實現一種與人工智慧的共生」，他認為這種做法可以增強人類，避免被人工智慧超越。「我們可以實現完整的腦機對接介面。」馬斯克說道。

這個概念實際上是將電極連接到大腦，記錄通過它的電信號；接著蒐集到的訊息可以用演算法解碼，用來控制電腦或機器。如此一來，**只要透過腦中想法，便可操作智慧手機或輪椅等工具**。

這還不是全部！**Neuralink 利用植入晶片，還可以治療神經系統疾病**。因為，植入的晶片可以接收來自大腦的電信號，也可以向大腦發送信號。如此便可矯正與精神疾病或是運動有關的神經元功能障礙。

這些只是短期內的計畫。顯然，馬斯克看得更遠。在舊金山的活動中，他已經說明目標是確保植入手術能在舒適過程中安全執行，他最後表示：「我們希望在明年年底之前，能夠成功將其植入人體。」

馬斯克的三隻小豬，讓癱瘓患者再次行走的希望

時間來到二〇二〇年，這是新冠疫情之年，也是豬之年；至少對 Neuralink 而

言是如此。八月二十八日，馬斯克秀出了征服大腦的新招。當天，他在 YouTube 上直播了將近一個小時[12]，在三隻小豬身上揭露晶片植入的結果——牠們分別是喬伊斯（Joyce）、桃樂絲（Dorothy）和格特魯德（Gertrude）。每隻豬的特色都不同，但不是經典的「稻草屋、木屋、磚屋」，而是「沒有植入」、「不再植入」和「一直植入」。

第一隻小豬喬伊斯沒有植入物，是隻普通的小豬。其角色是作為對照，讓觀眾看到另外兩隻豬的行為和牠一樣，也就是皮毛和精神都很健康的豬。

然後是第二隻小豬桃樂絲，曾經接受大腦植入物，後來取出：據 Neuralink 表示，這隻豬是為了證明植入是具可逆性的。

有一天當你厭倦了馬斯克的植入物，只要將它取出，換成別的也可以。在某種程度上，更換植入物就像換衣服一樣！

終於，主角來了——格特魯德，牠是 Neuralink 展示的第三隻豬明星、增強型的小豬。正如馬斯克所說：「牠快樂又健康，已經接受植入兩個月了。」格特魯德的大腦皮質植入了 Neuralink 晶片，連接至豬鼻的神經元區域。

為了向觀眾展示記錄神經元的真實情況，特別以「嗶嗶」聲和螢幕角落的發光曲線顯示。格特魯德越是用豬鼻子翻找柵欄裡的稻草，嗶嗶聲就變得越發響亮；而當牠抬起頭，聲音就安靜下來。

繞完一圈後，喬伊斯、桃樂絲和格特魯德回到各自的柵欄裡。等到三隻小豬退到幕後，就輪到 Neuralink 的工程師和老闆馬斯克上場，他們延伸討論並回答網友提出的問題（在此提醒一下，該活動是現場直播）。

接著，有人向該團隊問到植入物嵌入大腦的深度。目前這些植入物實際上是置於大腦表面，馬斯克解釋：「**失明和聽力障礙，可以經由大腦皮層矯正。**」不過，對於治療憂鬱症和焦慮症，他認為可能必須更加深入大腦，直到下視丘。

此外，他還提到了關於半身癱瘓患者的測試：在患者腦部植入記錄大腦皮質層運動信號的晶片，使身障者得以控制輪椅和機械外骨骼；這些機械化裝置可以連接到身體或是四肢之一，增加肌肉能力或補償缺損。

馬斯克擔保說：「他們將能夠再次行走！」並以特斯拉為例，他對特斯拉同樣最在意的就是安全性，Neuralink 也正在與美國食品藥物管理局（FDA）密切合

12 作者按：https://bit.ly/3LSJ5ew。

作，該機構負責美國國內藥品和醫療設備的批准銷售。

那麼這樣的腦部植入需要多少錢呢？馬斯克在此也大膽預測，包含手術費用，未來價格會降到幾千美元。因為 Neuralink 不只是一個醫療用品，其目的是成為令人愉悅的個人裝置；因此在該影片結尾，團隊人員自由發揮，想像腦部植入物的各種可能性：下載記憶、心電感應或增強視覺。這天馬行空的一切，是否真的合理？

2

憂慮、失眠、焦慮，都是神經系統出問題

馬斯克和他的三隻小豬影片引發了許多討論。二〇二〇年夏天那場直播剛開始時，這位億萬富翁展示了他們團隊製造的腦部植入物。該裝置像一枚硬幣，與一束由無數細絲組成的編織物，也就是微電極。這些微電極植入了豬的頭骨下。

看到這裡，人們想到的第一個問題是：大腦應該是一個非常脆弱的環境……植入電極或異物，能夠保證反應良好、完全不會引起不良，甚至危險的生理反應嗎？

答案是肯定的，沒有問題，神經外科教授梅內說：「這和安裝金屬修復骨骼、置換人工關節相同，完全可以掌握！在這方面，大腦和其他器官一樣：只要植入物的材料具備生物相容性或屬於惰性物質，大腦便能夠承受這些植入物。」

大腦甚至還更勝一籌！因為它隔離於身體其他部分並受到保護，因此**比其他器**

官更容易接受植入物。大腦所享有的這種天然保護，就是先前提到的血腦屏障。我們知道，血腦屏障能夠使大腦血管保持密封，防止任何元素（例如毒素）通過，不同於其他器官的血管。

不過，即使具備生物相容性的材料，還是會在大腦中引起某些反應，具體表現是在電極周圍出現一種脈石。梅內繼續說道：「這就是所有植入材料的未來，總會或多或少有些慢性發炎反應。」

其表現出的特徵，是在植入物的周圍形成纖維殼。這種反應在身體的其他器官中被稱為「成纖維細胞」，是由一種名為「纖維母細胞」的細胞引起，「纖維母細胞」是結締組織的成分之一，對其所包圍的有機物體，會發動保護機制。

然而，在大腦中沒有纖維母細胞，類似的功能由其他細胞實行，即星形膠質細胞；腦部星形膠質細胞的反應，被稱為「神經膠質增生」，並且會在電極周圍形成一種細胞膜。所有這些都是良性無害的，況且植入的材料具有生物相容性。換句話說，不至於引起複雜的發炎反應。

被取出腦部植入物的小豬桃樂絲是馬斯克用來證明：移除植入物可以像放置時一樣容易，相當安全。然而，這點似乎令人懷疑。梅內教授指出：「這些植入的動作一開始就是侵入性的，移除植入也是侵入性的。」或許，**當馬斯克說解除腦部植入的連結很容易時，指的可能是解除 Neuralink 的「訂閱服務」……**。

回到神經膠質增生，它說明了問題的癥結不在於植入物的生物耐受性差，而在於電信號能否精確傳輸。事實上，電極的作用是向大腦皮質發送電信號，或蒐集神經元的神經衝動[13]。有時這兩種功能必須交替輪流完成。

然而，依照神經膠質的反應程度，它會在植入物和大腦間形成一道屏障阻礙通行。因此，神經膠質增生可能成為信號傳輸和蒐集的障礙。它成了一種在電極周圍自然生成的絕緣體，隨著厚度增加，傳入或傳出的信號變得更為模糊。

這是目前已知的制約因素，因此需要調整電極的尺寸大小以便繞過避開。而這一點，專家們早就懂得該怎麼做。梅內教授強調：「此外，在大腦植入導線來調節腦部，我們每天都在做！」

在此必須強調：腦部植入手術不是馬斯克發明的。法國腦研究所（Institut du Cerveau）「重複行為的神經生理學」（neurophysiologie des comportements répétitifs）

13 編按：沿著神經元細胞膜傳遞的電位訊息。

團隊負責人、神經科學家艾力克．伯吉耶（Éric Burguière）表示：「Neuralink 植入物的外型優雅，影片背景搭配一點音樂，配上了馬斯克的表演技巧……但就科學方面來說，使用電極來聽取神經元的聲音，是我們在實驗室每天都做的事。」

所以說，**神經系統與電子設備之間的連結已經實行很久了**。在某些情況下，這些仍然是科學研究，局限在白色巨塔裡；但某些技術，對現代醫生來說已經是日常操作，這意味著它們已經成為醫學界的常規和習慣了。

帕金森氏症、強迫症、厭食症，全都有解

在和這些神經科學家交流時，我的腦海浮現一段回憶。那是多年前準備論文時看到的影片，是哪篇論文現在想不起來了，但我仍記得影片中令人震撼的片段。畫面裡有位女士正在把一杯水端到自己的嘴邊，但是，這位女士患有帕金森氏症。這種神經系統疾病，會引發非常強烈的顫抖。因此杯子裡水花四濺；從桌子到嘴巴之間，簡直是一段永遠無法到達的距離。

杯子被搖晃得很厲害，最後碰到嘴邊時已是空的了；但突然間奇蹟出現了，顫

抖症狀消失，這位患者的動作變得非常穩定。原來是裝置在患者大腦的腦部植入物，突然通電所產生的效果。

該植入物帶有數公分長的電極，可穿透到電信號產生的深層區域——而就是這些電信號導致了肢體出現不正常運動。梅內解釋說：「有些神經元分布在大腦皮質，也就是大腦表層，但也有一些在深層組合，我們稱之為深部核團灰質，是影響帕金森氏症的主要核團之一。」

這種稱為「深腦刺激」（deep brain stimulation）的技術，乃是藉由輸送電流，以消除帕金森氏症特有的震顫症狀。神經科學家伯吉耶評論道：「它是一種持續的刺激，完全獨立於大腦活動。這種方法和馬斯克的不一樣，馬斯克想要記錄和理解大腦中的信號。」

儘管如此，這項技術是腦部電流干預歷史上的重要發現。它出現於一九八〇年代，由法國科學家阿利姆．路易斯．貝納比德（Alim-Louis Benabid）領導的團隊開發。貝納比德的卓越才能值得獲頒諾貝爾獎，雖然目前尚未獲此殊榮，但已獲得多項被視為諾貝爾獎前哨的國際大獎。

二〇一四年獲得旨在獎勵「對某一疾病的了解、診斷、預防、治療和治癒」的拉斯克獎（Lasker Award）[14]。一年後又獲頒突破獎（Breakthrough Prize），此獎由矽谷數位名人設立，其宗旨為獎勵生命科學、數學和物理學領域的重大進步[15]。**目前深腦刺激技術，已被廣泛使用來治療帕金森氏症**。在法國，有二十二個醫療中心定期實施深腦刺激治療[16]。梅內教授表示：「這項技術獲得完全認可，並由法國社會保險給付。雖然最初是用於治療帕金森氏症，但已開始發展應用到其他不同的運動異常症狀。」

根據法國對特定精神疾病的評估，其應用範圍包括：強迫症、飲食障礙（如肥胖症或厭食症）等；後者的概念主要是去抑制、興奮，飽腹感或飢餓感的中心（這些神經元在大腦中分布的位置是已知的）。

伯吉耶團隊研究的正是相同概念，以作為強迫症的治療方法，他表示：「透過刺激大腦，有可能使患者不再有強迫症或強制行為，並擺脫反芻思維[17]。」

讓我們再回到馬斯克的部分。馬斯克鎖定的目標不是大腦深處，Neuralink 植入物針對的是表面波，因為其目標是皮質，正如他的團隊在 YouTube 直播結尾時所說明的。

前面已經提過，連接到豬鼻子神經元所記錄下來的活動，在二〇二〇年夏季的影片中以黑底藍色圖案顯示。伯吉耶在觀看了該段畫面後評論說：「這些是相當高品質的紀錄。我們稱之為動作電位，它精確詮釋了單個神經元的活動。」這位科學家認為，馬斯克的團隊真的成功做到了，他說：「我覺得他們在短短幾年內，成功開發出一個能夠執行這種任務的傳感器，實在令人印象深刻。」

但是很明顯，馬斯克不會就此滿足。**他的野心不是簡單記錄神經元而已，他要解碼這些訊息，好用來做其他事情**。伯吉耶解釋：「了解大腦內部編碼的內容是神經科學界很大一部分專家，在這二、三十年以來持續努力在做的事。」**馬斯克無非就是想要讀懂人們的想法**。

為了探索這些問題，近年來啟動了幾個非常大型的專案，像是在歐洲的人腦計畫（Human Brain Project），旨在利用超級電腦複製大腦功能；美國歐巴馬政府於

14 作者按：https://laskerfoundation.org/about-us/mission/。
15 作者按：這項「新諾貝爾獎」創立者包括馬克・祖克伯（Mark Zuckerberg）、谷歌的謝爾蓋・布林（Sergey Brin）……但馬斯克不在其中。
16 作者按：https://tinyurl.com/3rc35ab7。
17 編按：將注意力集中在不幸的事件上，持續關注自身的消極情緒，反覆思考可能的原因和後果。

二〇一三年啟動的腦科學計畫（Brain Initiative），追求目標也大致與前者相同。不過至今為止，還沒有任何一個計畫產出了決定性成果；在這個其他人都還在打滑空轉的地方，馬斯克有辦法捷足先登嗎？

腦機介面：讓人腦變電腦

從一九七〇年代以來，腦機介面一直是科學家持續探索的研究領域，而馬斯克也藉著 Neuralink 參了一腳。腦機介面的概念是：「**在大腦和電腦之間建立直接連結**，使配備此裝置的人可以用思考控制行動，無須經過周圍神經和肌肉的作用便可執行動作。」[18]

這項技術在一九九〇年年代首次使用於人體臨床實驗。伯吉耶解釋：「為四肢癱瘓的患者植入一種『頭盔』，使他可以操作機械臂來替自己端杯子，這些目前都已經能做到了。」

例如 BrainGate 大腦植入系統，從二〇〇〇年代初期開始一直在美國開發；它是一家私人的生物科技公司，與幾所美國大學共同的工作成果，目前這套系統設備正在對癱瘓者進行試驗[19]。結果相當令人感到驚奇。

丹尼斯・德格雷（Dennis DeGray）是一名頸部以下癱瘓的患者，但現在，他可以單憑意念在鍵盤上打字。二〇一六年研究團隊在他的運動皮質區（即控制運動的大腦區域），植入了一百個電極。即使他的身障情況，已經令他無法再透過手指敲打鍵盤，但他可以用「想」的做到。

他腦中的電波會被頭上的裝置接收，這個小盒子看起來像是放在頭骨上，但實際上與腦內神經緊密相連；大腦發出的信號會被傳送到電腦，然後電腦可以有效選擇出丹尼斯所想的字母。正如《麻省理工科技評論》（*MIT Technology Review*）雜誌的總結[20]，這簡直**就像使用滑鼠一樣在使用自己的大腦**。

在德格雷的案例中，腦機介面建立在想像一個任務且加以轉化：例如他想要移動手指到某個字鍵上，並按下它，此時，**傳達這個意念的腦波就會被感測到與轉**

18 作者按：請參閱法國健康與醫學研究院（Inserm）的相關資料：https://www.inserm.fr/dossier/interface-cerveau-machine-icm/。

19 作者按：https://www.braingate.org/publications-timeline/。

20 作者按：https://bit.ly/3FqZXGP。

化，使該動作能夠確實執行。

法國健康與醫學研究院名譽研究主任阿涅斯．羅比—布拉米（Agnès Roby-Brami）解釋：「還有一種『誘發電位法』。使用該方法時，裝有腦部植入物的病患，必須集中注意力回應。我們將提供一種特殊鍵盤，上面的字母會一個接一個亮起來。當輪到患者所想的字母亮起時，便會引起大腦信號發生變化，代表這就是患者所想的字母。然後一個字母接一個字母，就可以拼成一個單字。」

這種設備**不一定要在頭部植入電子裝置才能執行**，該功能也可以簡單的由腦電圖（EEG）頭套執行。這類「周邊設備」在電動遊戲行業已取得突破，現在已經商品化了。

它就像**一頂布滿傳感器的泳帽，只要套在頭上**

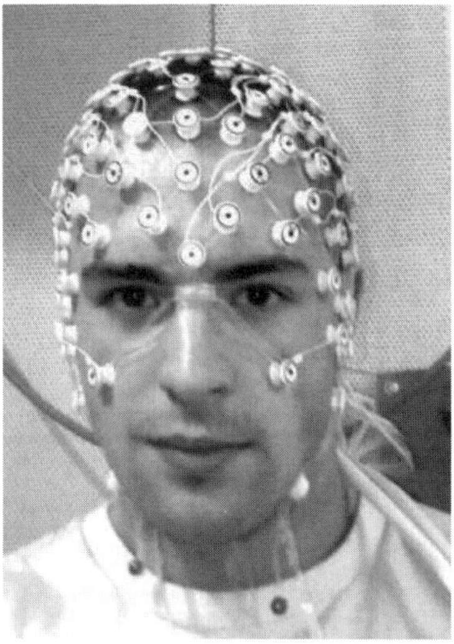

▲圖2-3 腦電圖頭套。Neuralink不只如此，它還會深入腦部，獲取更高品質的訊息。
（圖片來源：維基共享資源公有領域。）

就可以記錄大腦活動。伯吉耶解釋：「放在頭皮上的頭套和腦部植入物，兩者之間的差別在於訊息的品質。」單純放在頭上，就像隔著一堵厚牆聽某種音樂：你會聽到低頻，但聽不到細微的變化；反之，如果盡可能貼近擴音喇叭（也就是大腦中的電極），你會聽到更精緻的細節和更好的音質。

其中有些設備是根據反饋原理操作，更加細膩和準確——植入物傳遞的電信號，會根據它在大腦中感測到的訊息而變化。這類設備目前正在開發中，像是醫療界嵌入式電子技術巨頭美敦力（Medtronic）[21]，該公司的工程師正在研究利用反饋系統治療癲癇。

此項技術是把植入物放置在大腦的癲癇發生區，當出現異常放電、顯示癲癇發作開始時，植入物就會發出抑制性的電刺激。因此，所有過程都是在患者不知情的

21 作者按：由美國工程師厄爾．巴肯（Earl Bakken）於一九四九年創立，他發明了心律調節器（pacemaker，利用電刺激心臟以延長生命）。此概念來自詹姆斯．惠爾（James Whale）的電影《科學怪人》（*Frankenstein*），巴肯小時候看到這部電影時大感驚奇，留下深刻印象。片中，閃電和許多電氣設備一樣，被用來使怪物復活。請參閱我在《科學與未來》的相關文章：https://bit.ly/3P4nVMG。

情況下進行，患者甚至不曉得自己剛剛脫離了危險！

伯吉耶表示：「此概念是根據閉環控制[22]操作。植入物的電子裝置感測到大腦中的電信號，並根據其值產生另一個信號，再發送回大腦以糾正生理訊息。」

閉環刺激（closed loop stimulation）的研究工作，主要由英國帕金森氏症科學家彼得．布朗（Peter Brown）進行探索。但布朗的方法與貝納比德不同，它的信號不是連續的，並非永久不斷的刺激，而是記錄和監測大腦的活動，並根據感測到的某些特定線索，決定刺激或不刺激。

不過，這項刺激的應用方法還需要更精確，伯吉耶繼續說：「研究團隊設定了一個閾值，當超越閾值時，相關裝置就會刺激帕金森區，但他們不確定這個閥值對應的是什麼。他們只有一些假設可提供解釋，但缺乏實質證據。」

儘管如此，科學家已經觀察到可以用這種方式操作。伯吉耶總結道：「這是醫學的特點：我們經常會遇到治療方法有效，但還不確定真正原因為何。這時就會告訴自己，稍後我們就會了解的，好讓這些療法更加完善；但只要它現在有效，我們就會提供給患者。」

法國在這方面的成果也不遑多讓。在格勒諾博，貝納比德教授創辦的 Clinatec

生物醫學公司一直擔任先驅者角色，持續研究腦機介面，預期未來能讓四肢癱瘓的病人，透過腦部植入物來控制外骨骼重新走路。

二〇一九年七月，一名四肢癱瘓的年輕男子在經過兩年訓練後，利用這個笨重的設備，成功走了幾步。研究主任布拉米表示：「這和馬斯克的提議有點相同。此外，過去也還有腦機介面方面的頂尖人才——神經科學家米格爾・尼科萊利斯（Miguel Nicolelis）所開發的專案計畫：為了替二〇一四年巴西世界杯的首場比賽開賽，一位四肢癱瘓的年輕病患，配備了尼科萊利斯團隊所開發的外骨骼，成功踢出了一球。」[23]

不過該事件引起很多討論。與其說這一球被「踢出」，實際上只是輕輕被推了一下。梅內教授則評論：「這和當初承諾的相差甚遠。儘管如此，在十年內我們將有機會看到癱瘓患者在外骨骼裝置的幫助下正常行走。」

22 編按：根據控制對象輸出反饋來進行校正。
23 作者按：https://tinyurl.com/2jr8ab46。

神經元就像電線，Neuralink 能做到無孔不入

聽了以上這些專家的話，我們明白，醫生和科學家沒等馬斯克參與，便已經投入這方面的計畫了。另外，大家也很自然的懷疑……馬斯克還能帶來什麼創新？答案是：**微型化**（miniaturization）。

梅內教授解釋：「儘管皮質指的是大腦表面，但它本身是由層層的神經元組織堆疊而成。電刺激和蒐集的困難在於，一般的技術不容易接觸到皮質三維空間中所有這些深層神經元。Neuralink 開發的植入物，則由許多極為纖細的微電極組成。想像一下，這是一種**細如髮絲的金屬絲，嵌入大腦皮質並穿透其所有組成層**。相較於放在頭部表面的簡單電極裝置，這種腦部植入物可以更敏銳的蒐集到腦電信號。」

你可以在二〇二〇年夏天馬斯克的直播中看到這種「金屬刷」的外形，而他在開始演講便直截了當的說：「這個演講是希望能夠吸引大批的應徵履歷。」這是招募人才的影片！它的目的是透過展示 Neuralink 的工作狀況，說服有才能的人來這家生物科技公司工作。

馬斯克用一句話總結這家公司的存在理由：「以植入人體的裝置，解決大腦和

脊柱的重要問題。」同時補充說明：「植入物會在你的頭部，但你在外觀看起來完全正常，並且感覺不到它！」

SpaceX 和特斯拉的老闆為何要踏上這個全新的創業冒險？他提出理由說明：「幾乎每個人都有機會遇到神經系統的問題，所以我們需要一種腦部植入裝置，它不但功能可靠且價格人人負擔得起。

「包括喪失記憶和聽力、失明、癱瘓、憂鬱、失眠、極度疼痛、痙攣、焦慮或成癮……所有這些問題，都與大腦神經元所產生的電信號有關。如果能夠『糾正』這些信號，就能解決這些問題。」馬斯克睜大眼睛強調：「很多人還不了解這一點，**我們的神經元就像電線。因此，我們可以使用電的裝置來解決電的問題。**」

在馬斯克公開 Neuralink「發明」的解決方案之前，他列舉的植入解決方案不出所料，都是我們以前見過的。首先是像用於四肢癱瘓患者德格雷那樣的裝置，就如我們先前所說，這些植入物非常笨重。馬斯克表示：「這證明了此概念行得通，但還需要改良。」

這位億萬富翁接著談到深層大腦刺激。馬斯克指出：「這個配備改變了全世界十五萬人的生活。」但是，雖然它可以對大腦產生作用，不過用的是一種蠻力方法，**並不能解碼大腦訊息**。在終於揭開 Neuralink 植入物的布幕之前，馬斯克簡單結論道：「它（深層大腦刺激）無法在大腦中閱讀和寫字。」

馬斯克的團隊都有一種工作執著——盡所能將設備簡化。二〇一九年夏季，Neuralink 植入物採用的形式是一個放在耳朵後面的小型裝置，但他們覺得還是太顯眼。

現在，這個裝置很難被人看出來了。它細小到馬斯克要展示給鏡頭看時，連對焦都很困難！發表會上的最新原型「Link V0.9」，僅約一枚硬幣大小，直徑二十三毫米、厚八毫米。它會被在放置在頭骨中，該植入物有一千零二十四個電極，比二〇一九年承諾的三千個來得少，但數量已經很多了。

Link 靠電池運作，續航時間為一天，可以在夜間透過感應充電（無線充電）。馬斯克說：「就在我和你們說話的此刻，我的腦中可能就裝有植入物，你們甚至都不會發現。」他開了個玩笑，停頓一下又補充：「我是說真的！」

影片結尾邀請團隊的其他成員發言，Neuralink 的一位工程師指出，Link 上的每個電極比頭髮細二十倍。梅內教授評論道：「這種類型的腦機介面，確實是由其他研究團體首先開發出來，不僅獲得公認成就，也在科學期刊上發表了作品。但馬斯克的 Neuralink 真正將植入物做到微型化。從技術上來說，相較於目前為止的產品，這絕對是創新。」

神經科學家伯吉耶也毫不掩飾自己對這項技術成就的高度興趣，他說：「馬斯克是個相當特別的人，令人無法漠視他的存在。就我個人而言，我對他過去的成就印象相當深刻，尤其是在 SpaceX。這個人很有才華。

「如今，他進入了我們的領域。和其他人不同的是，我們已經看過許多人誇大承諾各種好處；但我很認真看待他在此領域的願景。即使挑戰很大，但仍然有可能成真，因為馬斯克團隊的實力很扎實；他不是一個人單打獨鬥，他的堅強實力也是來自於圍繞在他身邊的優秀人才。這引起了我的關注，因為我想，或許他會迎頭趕上，然後對某些問題能比別人更快找到解決辦法。」

同一部影片裡引人注意的，還有 Neuralink 手術機器人的展示畫面，它讓人聯想到美容院裡使用的頭罩式烘髮機。只是該頭罩中還配有了植入頭骨的針。微電極就是透過它以自動化的方式插入大腦，而且非常快速！據馬斯克說，**植入 Link 無須全身麻醉、全程不到一個小時，而且患者當天就可以出院**。

關於時間的問題，我們知道馬斯克與時間有著特殊的關係……不過手術機器人令人印象深刻。然而以專家的眼光來看，它好像有點似曾相識。梅內說道：「神經外科已經在使用這類機器設備了。這些機器人看起來很像汽車裝配生產線上的大型機械臂，昂熱大學醫學中心就有這種設備。病人的頭部必須先固定好，精確標記空間位置，機器人才知道應該植入頭骨哪個部位。」

馬斯克絕對是一位偉大的演講者。大家在聽他說話時，會以為這一切都是他發明的。但凡事不能光看表面。

以意念控制的外骨骼能否取代輪椅？關於在身障人士腦部植入腦機介面的方法，其適用性仍然有許多爭論。對某些人而言，這可能不是一個好主意，因為我們**其實可以利用其他侵入性較小的方式，來蒐集生理信號**。布拉米解釋：「我在法國加爾舍市（Garches）的物理醫學和復健部門，花過不少功夫研究四肢癱瘓患者，尤其是那些非常實用的問題，例如：如何使癱瘓患者溝通更順暢？

「從很久以前我就覺得腦機介面是一種可達成的目標，將來有一天我們能夠直接用大腦控制一切；然而，其負面影響是，它使人們放棄或減少了原本可以進行的研究，例如癱瘓者仍健全的運動神統系統。」

這可能包含很多東西，例如**眨眼**、**呼吸，甚至頭部動作**。因為患者完全癱瘓的現象並不多見，除非是像四肢癱瘓和重度脊髓損傷、閉鎖綜合症和肌萎縮側索硬化症，這些疾病的病情變化非常快速。

這位科學家繼續說：「否則在其他情況下，人們仍可以透過某些身體部位（如頭部或眼睛）與外界溝通。以真正幫助這些病患為目的，針對開發更精細複雜的人體工程學系統的研究相對較少，因為最終人們會認為，我們只要利用腦機介面，從源頭感測患者的意圖即可。我認為這是一條有效但未經證實的捷徑。」

聽了布拉米的這段話，我想起了幾個月前與患有閉鎖綜合症的一位年輕女性患者會面。我透過閉鎖綜合症協會（ALIS）的一名成員與她溝通，我們溝通的方式是由照護者拿著字母板，而患者以眨眼示意選擇她想要的字母，選擇出來的字母便組成了患者正在想的字彙。

還有其他不同的解決方案，包括拍攝身障人士的眼睛，但不是很便利，因為非常昂貴。「如果我們過去在腦機介面上多投入一些努力來改進這類的溝通方法，情況或許好些。」布拉米結論道。

然而，不可否認的，研究腦機介面的確帶來一項明確的益處：那就是增進科學家對大腦功能的認識。記錄神經元群體已經對基礎研究產生重要影響，其分析的精細度相當驚人，準確程度相當於大腦的谷歌地圖！

3 想像一下：美國總統伊隆・馬斯克

繼實驗豬隻亮相之後，接著登場的是用大腦電波打乒乓球的猴子。他們本可以將牠取名為乒乓之王，不過最後還是決定叫牠佩哲（Pager）。這隻九歲的獼猴是Neuralink公司於二〇二一年四月九日，在YouTube上發布的另一位影片主角[24]。

這段影片總長不到四分鐘，舞臺布景採極簡主義，攝影機固定對準正在看著螢幕的猴子。旁白以溫和的聲音（不是馬斯克的聲音）向大家說明，這隻靈長類動物被植入了兩個Neuralink植入物，大腦兩側各一個。此外，手術部位的毛髮還沒有完全長出來。至於這次手術產生了什麼結果呢？那就是，佩哲可以靠「意念」打乒乓電玩遊戲《乒》（*Pong*）。

乒乓遊戲？是的。這款電玩遊戲可以追溯到一九七〇年代，當時可謂是電玩遊戲產業的史前時期。遊戲內容是在螢幕上來回打擊一顆球，兩支球拍會在畫面兩側垂直移動。一支球拍由電腦控制，另一支由玩家操控，通常會使用操縱桿。但是佩哲不用搖桿。

根據解說員解釋，佩哲大腦發出的信號會被兩千多個電極（因為有兩個植入物）記錄，並用來控制球拍。這些神經訊息對應佩哲正在思考要去做的動作，且由一臺與植入物無線連接的電腦即時翻譯，然後電腦再將訊息轉化為實際移動球拍的電子指令。在遊戲中，佩哲沒有錯失任何一顆球，牠似乎很擅長這個遊戲……。

不過，這隻猴子在成功「腦控乒乓」之前，其實經過了專業訓練。布拉米分析道：「記錄必須在運動皮質區進行。無論我們是實際做動作還是想像做動作，大腦活動都是一樣的。猴子為了獲得獎勵而學習控制球拍的運動；接著我們用腦機介面逐漸取代操縱桿，就能使牠透過『想像要做』的動作，學習繼續移動球拍。」

實際上影片開頭也公布了這些訓練，可以看到佩哲利用操縱桿，移動螢幕上的球拍。每次成功做出動作，佩哲就會從吸管獲得獎勵：團隊人員會透過吸管送上美味食物，讓牠邊玩邊吃。

24 作者按：有超過六百萬的觀看次數：https://bit.ly/3P1XOFS。

布拉米說：「巴夫洛夫（Ivan Pavlov）早就發現了這件事[25]。」在面對眼前的螢幕時，猴子實際上處於飢餓狀態。而牠想去移動操縱桿的原因，是牠把這個動作與獲得「美味的香蕉冰沙」連結一起。

於是牠明白：要得到食物，就必須繼續朝這個方向集中注意力。換句話說，在這個實驗中，研究人員一方面試圖從神經元群破解信號的密碼，另一方面猴子也同時在學習，隨著不斷發展乒乓電玩的技巧，牠將會日益精進。

佩哲成功用腦玩乒乓的實驗結果令人感到驚奇，但這一切難道不是錯覺嗎？就像在一些表演節目裡，馬匹知道訓練師會問：「二乘以四等於多少？」然後就用馬蹄在地上點了八下。

然而，**馬兒並不是真的懂算術，只是對一種刺激做出反應**。在這裡，影片呈現的故事是佩哲用思想在玩電動，看起來是很大的進化。

但相同的結果，若假借一些伎倆也可以達到，例如追蹤獼猴的目光。就像神經科學家伯吉耶解釋的那樣，他說：「假如解碼猴子目光中的掃視信號，並沒有得到任何關於牠腦中意圖的訊息，只是盯著牠的眼睛，跟著到牠要接球的地方，然後球拍就出現在那裡。這種方法和『讀懂了猴子的想法，能讓牠用意念玩這種遊戲』是不一樣的。在神經科學中，你經常可以找到一些技巧，讓你在設備更簡單時，看起來像是在做複雜的事情。」

所以要小心判斷！在這種類型的實驗中，最終得到資訊或許看起來很棒，但對訊息做出的解釋可能並非完全正確。

真的有心電感應！用網路傳送腦波

無論 Neuralink 在佩哲的頭骨下記錄了哪些大腦信號，這種類型的設備絕非首創。布拉米評論道：「別的研究團隊已經對猴子做過這些實驗，而且結果大致相同。」事實上，上文提到替一名癱瘓的年輕患者安裝外骨骼，使其能夠為二〇一四年巴西世界杯足球賽，踢出第一球的尼科萊利斯博士，就是在這些研究上享譽國際的人物。

25 譯按：俄羅斯生理學家巴夫洛夫在一八九〇年代，提出了「古典制約」（classical conditioning）理論。

二〇一一年，杜克大學（Duke University）研究人員尼科萊利斯博士進行了一項研究：他替猴子的大腦安裝電極，讓這些猴子能透過意念，控制電腦螢幕上的虛擬手臂。接著，猴子會用此手臂去抓一些有不同觸覺特徵的虛擬物體，例如玻璃、水果等。

這些觸覺差異，是透過向靈長類動物的大腦發送其他電信號來轉化，經過一些訓練後，這些猴子將能夠區分不同的質地。簡言之，**大腦植入物給予了牠們觸摸的感覺**。未來在為截肢者生產靈敏義肢時，這項研究工作也應被納入考量。

二〇一四年尼科萊利斯博士的研究團隊，隨後與巴西艾德蒙和莉莉薩夫拉神經科學研究所（Edmond and Lily Safra Center for Brain Sciences）的研究人員合作，進行了一項受到媒體廣大迴響的實驗。

此實驗被稱為「老鼠的心電感應」。相隔數千公里的兩隻囓齒動物，一隻在巴西納塔爾（Natal），另一隻在美國德罕（Durham，即杜克大學所在地）透過腦部植入物相互連結。

牠們分別在自己的籠子裡，籠子裡有兩個控制桿可按壓，但只有一個控制桿被按壓時會有獎勵。雖然其中一隻老鼠知道正確的控制桿（因為上面有一個光源信號指示，只要按壓就有水喝），但另一隻老鼠的籠內並沒有光源信號。不過，牠知道在哪裡可以找到這個訊息——同伴的大腦中（透過網路即時傳輸腦波）。

據科學家稱，這項實驗表明「**將動物大腦連接網路，以便交換、處理和儲存訊息」是可能做到的**，這為「生物計算設備」（biological computing devices）的研究工作開闢了一條道路。

超人類主義：增強人類（不是修復）

生物資訊設備，有點像是一種有生命的活電腦；這又把我們帶回到馬斯克的最初想法：「在人工智慧和人類之間建立共生關係，使人工智慧無法超越人類。」能成功嗎？布拉米說：「馬斯克可能正在利用基礎科學領域已完成的研究，來改進技術；他採用了極細的電極和做得非常好的積體電路。雖然還有很多技術上的問題要努力，但在這方面，我確實認為 Neuralink 可以發揮加速作用。」

腦研究所專家伯吉耶也觀察到這點，他說：「馬斯克應該已經了解，這個領域具有開發潛力，就像他在太空或其他領域一樣。這是一項很好的投資，而且現在處於早期階段。」

腦部植入物的發展很可能在未來十到二十年內有顯著進步，Neuralink 公司現在正大量投資和雇用優秀員工，或許能在不久的將來占據重要地位。

那麼風險呢？只要這項技術在人們開始質疑它之前便發展成熟，就不至於有風險。然而，這個問題將迫使整個社會一起面對。布拉米表示：「我認為這種超人類主義意識形態非常有害。」

「超人類主義」一詞剛出現時就引起廣泛討論。二十一世紀初，這種利用科學技術改造人類的想法無所不在（無論是體能還是心智）。超人類主義得到當代科技界重量級人物支持，例如谷歌的聯合創始人賴利．佩吉（Larry Page），他在二〇一三年創建 Calico 公司，致力於對抗衰老和老年帶來的疾病。

當然，這裡也少不了貝佐斯，他是 Altos Labs 生物科技研究公司的投資者之一（成立於二〇二二年）。Altos Labs 這個私立研究機構資金雄厚，聘僱多位傑出的科學家，如二〇二〇年與艾曼紐埃爾．瑪麗．夏彭蒂耶（Emmanuelle Charpentier）共同獲得諾貝爾獎的珍妮佛．道德納（Jennifer Doudna），她因「常間回文重複序列叢集關聯蛋白質9」（CRISPR-Cas9）的研究而獲此殊榮。此蛋白質被稱為基因工程中的「分子級剪刀」[26]。

不過，**超人類主義的信念是賦予個人新的能力，並改造人類這個物種**。他們支持增強人類的計畫……而不是修復人類。梅內教授評論：「除了消滅死亡，超人類主義者並沒有醫學方面的治療願景。其目標是長生不老，對於治癒疾病或使半身不遂者能夠行走，並不是他們真正關心的項目。

「另一方面，修復人類確實是普遍的醫學問題。雖然我們現在還渾然不覺，但事實上，裝著兩個人工髖關節、一個肩膀義肢或心律調節器生活的人口數量相當可觀……也就是說，從一定年齡開始，我們都將變成生化人！」

然而，界線要劃在哪裡？超人類主義倡導以所有這些技術（包括神經科學）改造人類，其支持者們經常會遊走於增強人類和修復人類的中間地帶。

梅內表示：「這個界線有許多漏洞可鑽，充滿各種危險。我們可以在二〇二〇年夏天馬斯克的實驗豬影片中清楚看到：一開始，他的說話重點放在醫學——他要治癒一切，列出所有可能和想像得到的疾病。之後，話題轉到瘋狂的未來願景

26編按：能編輯、修改人體基因，進而根治基因突變引發的疾病。

——我們將可以把記憶下載到伺服器上，腦部植入物將可用來打電動遊戲等等。但是，直接用腦打電動有何意義呢？」

馬斯克還聲稱，透過干預腦電波，將有可能提高個人的認知能力。例如以「迅速又強烈」的速度學習語言。但這也是以前就曾出現的計畫。早在一九七〇年代，美國軍事研究機構DARPA就研究過腦部植入物，希望藉此創造出超級士兵，即具有高度警覺性的個體，不需要睡眠，以隨時保持最佳狀態。然而，這個方法最後沒有成功。

「這一切並沒有產生什麼了不起的效果。」梅內說道。該方法本身就矛盾了：大腦是多模態（multimodal）系統，雖然我們可以對某些模塊（module）一個個進行干預（例如運動皮層），但仍不可能對整個大腦同時發生作用。簡單來說，能讓你變得更漂亮、更聰明的腦部植入物，並不存在。

再者，這真的合乎道德嗎？布拉米解釋：「我認為在正常的大腦中植入電極是有爭議的。為了治療癲癇或強烈的臨床適應症植入電極是一回事；對大腦健康的人植入電極，又是另一回事。」然而這正是馬斯克的計畫，**他提到的某些植入物，幾乎屬於消遣娛樂性質。**

這種想法也同時引發了人身自由的問題。法國動物符號學協會（Société française de Zoosémiotique）會長暨創始人阿斯特里德・紀堯姆（Astrid Guillaume），特別致力於動物語言和動物智力的研究，對 Neuralink 公司在猴子和豬身上所做的實驗著實感到擔憂（稍後我們再回來談這點）。

無限入侵計畫——你想讓大腦也被監控嗎？

她也指出一個基本問題：**這些植入物的人類用戶，可能暴露於受到監控的風險**。紀堯姆同時是索邦大學（Sorbonne Université）的研究人員，她說：「當前的技術創新，已經使我們每個人都受到非常密切的監控。出了家門，手機會告訴我們要往哪裡走；信用卡追蹤著每一筆購物消費；一上高速公路，電子收費系統立刻知道我們在什麼時間去了哪裡。最終，**每個人剩下的唯一自由範圍，就是自己的大腦和思想**。這是最後堡壘。**如今我們面對的是一個允許無限入侵的計畫！**」

這種腦部入侵的風險宛如噩夢。儘管如此，在讀取思想和蒐集大腦信號之間，仍存在一道真正的鴻溝。布拉米繼續說道：「承諾未來將可以讀取人們的思想，是該公司超人類主義的一面。不過，這種承諾建立在某種幻想的基礎上。」

其他更實際但同樣重要的問題，現在也已經出現了。例如，如何因應植入物老化？這個疑問在大約二十年前就已經提出過，當時有一種深層肌肉刺激系統叫做自由手系統（Freehand System），用於恢復身障者的手部某些功能。製造該設備的公司在營運幾年後宣告破產。一夕之間，該系統的所有使用者無法再更新設備。不出所料，設備開始退化，一段時間後當然就壞了。

類似的問題最近也發生了。二〇二二年二月，《電氣電子工程師學會綜覽》（*IEEE Spectrum*）雜誌發表了一篇令人深省的論文，文中闡述患者配備了美國第二視覺醫療器材公司（Second Sight Medical Products）的視網膜植入物，最後面臨進退兩難的處境[27]。

該公司的設計概念是在患者佩戴的特殊眼鏡中安裝微型相機，接著處理相機拍攝到的資訊，並以神經衝動的形式傳輸到眼睛中的植入物。使用該設備的患者因此至少能夠恢復一部分的視力。

然而，這家在二〇二〇年快要倒閉的公司，最終決定放棄生物電子眼（bionic eye，或稱仿生眼）技術，當時約有三百五十人使用這項設備。正如該雜誌所描述的，這個曾經改變他們生活的配備，突然成了「過時的小工具」。

事實上，使用的患者是突然發現自己眼中的設備已經「過期」了，也不知道這個設備將會如何老化。想想看，這群人有幸恢復了部分視力，如今卻有可能再次陷入黑暗的處境……。

入主白宮，改變不人道實驗（的規定）

馬斯克旗下的這家新公司，是許多道德議題的核心焦點。Neuralink 於二〇二二年面臨了一項議題的挑戰，該議題不斷延燒中。事發原因是 Neuralink 在美國由於虐待動物而被起訴，由「美國醫師醫藥責任協會」（PCRM）提起。該會同時鎖定美國加州大學戴維斯分校（UC Davis），因為該校擁有國際知名的靈長類動物研究和實驗中心，而 Neuralink 的實驗正是於該校進行。

27 作者按：請參閱：https://spectrum.ieee.org/bionic-eye-obsolete。

這樣的合作原本應該會保證嚴格遵守規定，並給予動物合乎道德的待遇。然而，根據二〇二二年二月記者尼古拉斯．古鐵雷斯（Nicolas Gutierrez C.）[28]為《科學與未來》雜誌採訪[29]，PCRM代表傑瑞米．貝克漢姆（Jeremy Beckham）的說法，他表示：「接受植入物的猴子生活狀態悲慘。」這些動物痛苦忍受「反覆出血和感染」或「植入後出現抽搐」。這與影片中佩哲吸著「美味香蕉冰沙」的輕鬆氣氛相差甚遠！

古鐵雷斯指出，這件事得以爆發，是因為Neuralink的合作對象加州大學是公共機構。事實上，Neuralink作為一家私人公司，它可以為所欲為，然而加州大學戴維斯分校作為公共機構，有義務公布實驗及其協議的詳細報告。

PCRM因此才能夠揭發其中的各項缺失，特別是使用了對靈長類動物有害的產品，例如BioGlue：一種醫用膠水，當初並沒有被列入大學驗證生效的協議中。BioGlue經美國藥物管理局批准，是用來縫合血管的外科膠水，絕對不能使用在大腦。貝克漢姆在《科學與未來》的文章中說明：「它流入大腦會造成損害，同時導致動物死亡。」

Neuralink公司在受到這些攻擊後，在官網上作出回應[30]，否認虐待指控，但證實有六隻猴子被安樂死：一隻是因為 BioGlue 引起的不良反應，一隻是因為植入物出現異常，另外四隻是因為感染。在其作為回應的那篇長文的序言中，Neuralink 公司強調：這起控訴來自於「反對在研究中使用任何動物」的人士，以及「目前所有新的醫療設備或治療方法，都必須先在動物身上進行試驗，然後才能進行符合道德規範的人體試驗」。不管在 Neuralink 和其他任何醫療公司，情況都是如此。

將辯論完全轉移到動物的痛苦上，這種方式相當巧妙。正如索邦大學的符號學家紀堯姆所描述，這個主題極其多元和多面：「如果我們從這個角度看 Neuralink 的實驗，是非就相當明確：猴子正在經歷的事情難以忍受，牠們承受了極端痛苦。但是，如果因為這個問題就此停滯不前，我們不會有糖尿病的治療方法、不會有對癌症的研究，也不會有人類可使用的藥物。」

此外，紀堯姆還指出：「過去在動物身上進行的所有試驗，也使牠們今天能夠

28 作者按：細胞生物學博士，從研究人員現轉為科學記者，著有超人類主義調查報告《人類機器人》（*Homo Machinus*）。
29 作者按：https://bit.ly/3KLcIT5。
30 作者按：https://neuralink.com/blog/animal-welfare/。

從中受益。因此，**狗、貓、牛、羊和野生動物等**，牠們現在也一樣，**可以享有醫藥方面的科學進步**，進而延長牠們在我們身邊的壽命。我們追求的是同一健康（One Health）——對人類和所有動物都有益。」

「結論是：像這樣的動物實驗問題，不可能簡單回答支持或反對。」紀堯姆繼續解釋：「但關於馬斯克，我們必須釐清這些實驗的利害關係問題。這有何展望？這些研究會有正面的社會意義嗎？是否能帶來重大的醫療貢獻？或者該技術是否可能被獨裁或軍事國家接管，然後利用它來設計思想受控的奴隸？雖然這樣假設簡直就像科幻小說的情節，但是，它可能很快就會發生！」

這類實驗帶給動物的痛苦可怕又劇烈。但我們同時要考慮到，倘若未來有一天看到身障者，能夠透過像 Neuralink 這樣的植入物而重新走路，那將非常振奮人心！然而，這並不是馬斯克的唯一目標，他希望的是能像打開一本書一樣，仔細閱讀每個人的大腦。

紀堯姆說：「這完全取決於目的聚焦在哪裡。如果我們只是在扮演人類的角色（而非上帝），並犧牲動物以改善人類生活，我會認為這是在實踐《聖經》，非常符合一神論的概念：『所有動物都為你效勞，你可以隨心所欲的處置牠們。』

「在我看來，這種做法是古老的原始本能。但是，如果未來真的要朝這個方向發展，那麼最重要的任務是必須給予動物最大的尊重，例如透過實驗動物學的3R原則（見第二六四頁）：替代（Replacement）、減少（Reduction）、優化（Refinement），盡可能減少動物試驗並減輕痛苦。」

上述辦法已體現在歐洲政府命令或法規條款中。法規限制了動物在科學和實驗方面的使用；現在，化妝品已不再進行某些特定的動物實驗……生物課也不再解剖青蛙了！

歷經六十年至今，這點已經被醫學界接受，特別是在科學家威廉・拉塞爾（William Russell）和雷克斯・伯奇（Rex Burch）的著作《人道主義實驗技術原則》（*The Principles of Humane Experimental Technique*）出版之後。該書奠定了這套3R原則的基礎。

關心實驗帶給動物痛苦的想法，其實可以追溯到更早之前。從十九世紀以來，科學家們一直在研究這個問題，事實上從人們趕走笛卡兒（Descartes）、他的弟子馬勒伯朗士（Malebranche）和「動物機器論」（animal machine）時便開始了！

這位十七世紀的法國哲學家笛卡兒認為，動物是為人類服務的，它們只不過是一種有腳的工具箱，人們可以對其為所欲為。紀堯姆感到痛惜：「從原來的農場，在二十世紀變成工廠化農場，後來又變成屠宰場。長期以來，為了人類的發展，所有動物的知覺、意識、感受和智慧，都被忽略了。」

現在已經不同了，動物的苦難成為了輿論的優先議題。如果不是因為目前國際媒體全部聚焦在烏克蘭戰爭，PCRM提告揭露的虐猴事件，無疑會引起相當大的騷動，並且在馬斯克的美好宣傳中留下一道深刻傷疤。

然而，這種媒體化科學，我們也可以在Neuralink提出的願景中看見。他們首先說到了治療神經系統疾病，但在實驗豬影片結尾，馬斯克不禁流露出驕傲的神情，他高談闊論，宣揚自己的超人類主義觀點。

如同團隊的其他成員，他解釋大腦植入物開闢了通往「心電感應」或超級視覺（supervision）的道路，該公司的一位研究人員說：「就像《魔鬼終結者》（*The Terminator*）一樣，人們將可以用肉眼看到紅外線或紫外線！」**假如目標是幫助殘疾人士或病患，動物實驗或許能被大眾接受，但若目的是變身成鋼鐵人，可能就沒那麼容易了……。**

這個夢想有可能具體實現嗎？二〇二一年十二月，在發生猴子被安樂死的醜聞之前，馬斯克承諾最快可於二〇二二年進行人體試驗，並且配備的患者將是四肢癱瘓或半身不遂者；Neuralink 正在等待美國食品藥物管理局的批准。

另一方面，可以肯定的是，「增強人類」計畫的健康人士候選人測試，並不會在近期內被獲准進行。巴黎腦研究所專家伯吉耶指出：「無論是在歐洲還是在美國，都不允許實驗干預健康的大腦。」

馬斯克會大膽冒險進入像中國等法律較不嚴謹的國家嗎？不太可能。所以未來他將不得不大力遊說，以改變法律規則，使自己能在美國推出增強人類計畫。最簡單的方法就是讓他親自入主白宮。想像一下：美國總統伊隆．馬斯克——這是烏托邦……還是反烏托邦？

二〇二二年一月十日，美國馬里蘭大學（University of Maryland）宣布了一項非常特殊的心臟移植手術。放置在這名五十七歲男子胸腔的器官來自於……一頭豬。

這隻豬是基因改造動物，目的是為了使牠的心臟與人類的身體相容。不幸的是，這次異種移植最終失敗；患者大衛．班尼特（David Bennett）在術後幾週便去世了。儘管如此，該手術在拯救生命方面，仍展現了偉大前景。

但這其中的道德問題是：我們是否應該培育動物，來為人類提供備用零件？紀堯姆說：「面對像這樣的問題，我們需要國際倫理委員會。」正如這頭基因改造的豬隻，某些動物不斷被科學操作利用，變成雜交或強化後的動物。總之，「超動物主義」是今後必須面對的問題。

馬斯克，挑戰科學的男人

3R原則

・**替代**（Replacement）：使用數位技術——專家們稱之為電腦模擬預測（in silico）研究，或利用無知覺的實驗材料、細胞樣本，重建器官的功能。

・**減少**（Reduction）：例如減少測試的動物數量，同時簽署國際協議以分享結果，使國際立法標準化。

・**優化**（Refinement）：思考新的實驗模型，排除在動物身上試驗，或者使用侵入性較低的協議方案，以及訓練優良且對動物痛苦問題敏感的工作人員。

第 4 章

用比特幣買特斯拉，你是認真的嗎？

1 像個股市大師一樣呼風喚雨

馬斯克很喜歡使用推特，甚至喜歡到要砸四百四十億美元買下這個社交平臺。這項收購案於二〇二二年四月底正式確定（後於十月二十七日完成）。看起來似乎滿合理的，因為多年來馬斯克一直是推特的重度愛用者。

他用這個社群網站談論幾乎所有事情，貼了一大堆梗圖、GIF和一些瘋狂的照片（例如鱷魚嘴裡叼著一隻Crocs洞洞鞋，並附上評論：「看，鱷魚媽媽本能的把寶寶含在嘴裡好帶著牠走。真是美麗的大自然。」[1]這個諷刺笑話獲得將近三十六萬個讚！）……至於他的私生活，同樣也會發布在推特上，例如與歌手格萊姆斯（Grimes）所生的兒子，名為「X Æ A-12」，後來又改為「X Æ A-Xii」[2]，以便遵守加州法律不允許戶口登記使用數字的規定。

然而，馬斯克還有一個非常迷戀的主題：加密貨幣。在推特上，這位企業家成了虛擬貨幣大師，其中最著名的顯然是比特幣（bitcoin）。持有這種數位貨幣，不會有任何一分錢在口袋裡叮噹作響，也沒有紙鈔，這與法定貨幣的特性不同。中央銀行也不存在了，儘管傳統上應該由這類機構管理貨幣且發行。然而，這就是「去中心化貨幣」的意思。

比特幣的第一筆交易已經是二〇〇九年一月的事了，而它的根源更是早得多，可以追溯到幾十年前。法國工藝學院（Conservatoire national des arts et métiers）經濟金融銀行保險系主任艾力克斯．科倫（Alexis Collomb）解釋：「隨著計算機科學出現，柏克萊和史丹佛等大學周圍興起了加密龐克（cypherpunk）運動」。

加密龐克？這是由英文「cipher」（加密）演變而來的詞彙，美國小說家威廉．吉布森（William Gibson）於一九八四年出版的《神經喚術士》（*Neuromancer*）一書，打響了這個科幻小說主題。這本書的第一句話經常被人引用，在這裡也不得不

---

1 作者按：馬斯克在推特上擁有超過八千六百萬名粉絲。如果想看這張鱷魚照片請參閱：https://bit.ly/3kMKQhv。

2 作者按：XII 代表羅馬數字的十二。這個名字表明馬斯克為了引起轟動，可以做出任何事情，如果想知道這個名字的由來，可參考格萊姆斯的推文：https://bit.ly/3vLlg1k。

提：「港口上方的天空，是電視收播頻道的顏色。」

賽博龐克（cyberpunk）一詞則揭示了技術與現實世界之間的碰撞衝突。加州柏克萊和史丹佛的研究人員注意到這項潮流，而他們相當熱衷於資訊和密碼學，加密龐克（意即密碼學愛好者）指的正是他們。

在一九七〇年代和一九八〇年代，當時馬斯克還只是孩童，這些人發現微型電腦的力量，並了解到世界的「資訊化」，對現在和未來帶來了越來越多保密問題。在金融領域，買賣間的數位交換和交易流暢度對人們具有高度吸引力，但它也存在風險，銀行、機構和政府，掌握了大量屬於消費者個人的數據資料。這些是無法避免的嗎？

為了處理隱私保密問題（這仍然是熱門話題！），從一九八〇年代以來就開發了多種不同的「現金」資訊系統，這些系統分布於民間，而不是委由受信任的第三方來集中管理（傳統上轉移給銀行的權利）。

也就是在這個時候，美國數學家和密碼學家大衛・喬姆（David Chaum）發明了電子貨幣（ecash）。然而，「這些電子貨幣系統很快就出現了問題：人們如何建立交易各方都可接受的共識？」科倫教授說道。

各位想像一下，假設有兩個人進行交易。第一個人在網路上說：「我把錢匯過去了。」第二個人卻表示：「我沒有收到錢。」如果這個情況發生在傳統銀行體系，那麼這兩位當事人會向銀行求助。但在去中心化的系統中，誰來評判？如何解決這種糾紛？

隨著比特幣來臨，解決方案也出現了。虛擬貨幣的興起和全球金融危機發生在同一年，全球金融危機無疑催生了對銀行系統不信任的虛擬貨幣。二〇〇八年底，網路上出現了一份長達十頁，寫給密碼學家的PDF文件。這是比特幣的出生證明，發文者署名「中本聰」（Satoshi Nakamoto）。

在網路上搜尋不到任何關於此人的蛛絲馬跡，大家對他一無所知，甚至不知道這個名字是個人還是團體。至於文件本身，照科倫所說，它其實屬於一種「重組式的創新」。中本聰沒有發現什麼了不起的數學定理，但「他建立一些了東西，並把它們組合在一起，使之產生某種非常美好的事物」。

事實上，經由奠定比特幣這種加密貨幣的基礎，這位神祕的電腦科學家提供了一個辦法，來解決前人遭遇失敗的問題。也就是最常被提到的共識問題。

如何讓參與數位貨幣系統交易的電腦之間達成一致，且不需要可信的第三方干預？中本聰提出了「挖礦」。具體來說就是用電腦解決複雜的運算。

法國畢馬威（KPMG）審計和諮詢公司的區塊鏈和加密貨幣（Blockchain & Cryptos）主管亞歷山大·斯塔琴科（Alexandre Stachtchenko）說：「目的是透過建立對交易歷史的共識，確保網路安全。透過挖礦過程，驗證新的交易，也保障了過去的交易。」

挖礦由某些網路用戶執行，可以是自然人或更常見的公司，他們利用電腦的運算能力提供服務，因此被稱為礦工。礦工挖礦也是因為產出的新比特幣，將會分配給他們作為報酬。

至於交易歷史則以字串表示，記錄在比特幣的另一個具有特色的元素中，那是一個巨大的數據庫——「區塊鏈」（blockchain）。區塊鏈會列出加密貨幣的所有交易。所有參與交換的電腦都有共同的「歷史紀錄」。

這一點很關鍵：**區塊鏈不是儲存在單一伺服器上，而是在所有參與的電腦之間共享。**這個超大型文件的其中一個副本，即使是最微小的修改，都必須通過驗證，並反映在所有其他紀錄中。這又回到了確保和建立共識的過程，如果沒有這個過程，比特幣將無法運作。

重要的是，必須再次強調，這是挖礦的目的，它與網路上的交易數量無關。換句話說：「比特幣網路消耗的能量與交易數量無關：一個空區塊可消耗與一個滿區塊相同的能量。」斯塔琴科說道。

用比特幣買特斯拉！再等等吧……

現在已經很難說加密貨幣是小眾市場。畢馬威在二〇二二年初發表的一份研究報告顯示：二〇二一年十一月，全球虛擬貨幣用戶數量估計為二・九二億，與同年年初相比增長了二七五%！

不過，目前加密貨幣仍存負面形象，並衝擊著社會道德。有傳言說，加密貨幣的流通毫無規則可言，但這是不正確的。況且，數位資產交易平臺，如比特幣基地（Coinbase）、Kraken 和幣安（Binance）等公司，已經在市場上建立自己的地位，成為重要的參考基準[3]。

在這些虛擬貨幣交易所可以讓想要出售加密貨幣的人，找到其他想要購買的人；而這些人也確實受到監管機構的管控。舉例來說：二〇二一年，比特幣基地就是在美國聯邦金融市場監管機關，即「美國證券交易委員會」（Securities and Exchange Commission）的壓力下，不得不放棄原本打算提供用戶貸款的計畫。

但在加密貨幣世界中，並非所有東西都已經有相關規定或準則。例如，**持有者也可以不使用上述這些著名的集中式交易平臺**，虛擬貨幣的用戶之間**可以直接進行點對點（P2P）交易**。然而，這種去中心化金融體系，更像是自由狂野的西部——沒有規則的世界、正在建造中的世界。這讓馬斯克感興趣。加密貨幣是新的潮流趨勢，非常適合這位億萬富翁追求的現代傳奇。

儘管如此，從他在推特上處理問題的方式來看，**加密貨幣對他來說主要只是好玩**。他像個大師一樣呼風喚雨。今天他說「這個加密貨幣棒極了！」接著轟隆一聲，它就往上飆升；隔天，他改口說：「這個不好。」它就會往下爆跌。

馬斯克過去就是因為喜歡不斷公開談論金融財務話題，讓他在涉及特斯拉的多次事件中受到指責。最顯著的例子是他在二〇一八年八月七日發了一條推文，表示正在考慮讓特斯拉下市，結果遭到美國證券交易委員會祭出懲處手段。這個華爾街監督機構隨後指控他誤導投資人。這件惹火上身的事件結束時，馬斯克必須支付兩千萬美元的罰款，並辭去特斯拉董事長一職，不過仍能繼續擔任執行長。

未來，在加密貨幣方面的這類行為也會受到指責：虛擬貨幣市場越成熟，監管也就越穩定。但現在，沒關係，因為沒有明定罰則。付出的代價最多就是宣布的事情與事實不符。就像馬斯克大肆宣揚可以接受客戶以比特幣購買特斯拉汽車……但幾週後他就變卦，最後聲稱**因為考慮環保因素，停止使用加密貨幣購車**。

馬斯克從二〇二一年二月以來一直搖擺不定，特斯拉宣布，它們已耗資十五億美元購入比特幣。馬斯克在此過程中承諾，加密貨幣將很快可以用來支付購買他的電動汽車。

據《紐約時報》當時報導[4]，比特幣的價格隨後上漲了一〇%，達到每單位四萬四千美元。金融分析師注意到了馬斯克的這項宣告，他們認為這可能打破心理障礙，進而鼓勵其他公司追隨特斯拉採用加密貨幣。

3 作者按：二〇二一年，比特幣基地美國交易平臺完成了自 Facebook 以來，最大規模的首次公開發行（IPO）。

4 作者按：https://nyti.ms/3KNnYj。

在央行仍然盯著加密貨幣的情況下，它正以某種步伐朝著法定貨幣的道路邁進。歐洲中央銀行行長克里斯蒂娜・拉加德（Christine Lagarde）曾表示，比特幣不是貨幣，而是「一種投機性資產」[5]。

二〇二一年三月，馬斯克在推特上證實：「現在可以用比特幣購買特斯拉。」但過了幾週又突然喊卡，就像潑了一大盆冷水。這家電動汽車製造商改變心意，不再接受比特幣作為支付方式。

二〇二一年五月十三日，馬斯克在推特上說：「特斯拉已暫停開放比特幣購車。我們對越來越大量使用碳排量高的燃料來開採比特幣感到擔憂，尤其是煤炭，它的排放量是所有燃料中最高的。」

法新社引用美國投資公司 Wedbush Securities 的金融分析師丹尼爾・伊夫斯（Daniel Ives）所述，他對此次變卦感到相當驚訝：「但比特幣挖礦的本質並沒有改變，馬斯克在三個月後突然取消承諾，對所有特斯拉和加密貨幣投資者來說，都非常驚訝和困惑。」[6]

是的，用虛擬的貨幣，做真實的消費。正如我們所說，確保比特幣網路的共識，是依靠性能強大的電腦進行大量複雜的計算；這些操作因此被稱為挖礦，非常耗能。不可避免的，製造比特幣的設備必將成為汙染源。

二〇二一年四月，科學雜誌《自然—通訊》（*Nature Communications*）刊登由中國科學家完成的一項研究，他們深入調查國內的比特幣挖礦活動。值得注意的是，他們對中國情況的結論已經過時了，因為北京當局在二〇二一年稍晚已禁止在境內挖礦。

儘管如此，該研究仍給出了一個數字。由於中國的比特幣挖礦活動主要依靠該國燃煤電廠產生的電力，因此產生了溫室效應。研究人員估計：「到了二〇二四年，中國的計算機礦山將產生一．三〇五億噸碳排放，能源消耗量將超過二〇一六年義大利與沙烏地阿拉伯的能源消耗總量[7]。」

5 作者按：https://bit.ly/3LR8uVT。
6 作者按：https://bit.ly/3LKa23Y。
7 作者按：https://go.nature.com/3LVD2WM。

2 #FuckMusk，請停止崇拜他

大量消耗能源的問題現在似乎正衝擊馬斯克，他試圖在二〇二一年五月十三日發布的推文中提出理由辯護：「加密貨幣在很多層面上是個不錯的主意，我們看好它的前景，但不應該為此犧牲環境。」

他明確表示不想動用自己的加密貨幣庫存，並補充說：「特斯拉將不會出售比特幣，一旦挖礦可以由更理想的永續能源提供動力，我們就會用它進行交易。」他公布劍橋比特幣電力消耗指數（Cambridge Bitcoin Electricity Consumption Index）的圖表[8]，作為這條推文的補充說明。

該圖表顯示虛擬貨幣的估計消耗電量，我們可以看到所使用的電力從二〇一六年開始上升，而且於二〇二〇年時瘋狂暴增。「過去幾個月的能源使用量太瘋狂了。」馬斯克評論道。

正如我們前面所說，**在比特幣網路中消耗能量最多的不是交易本身，而是驗證區塊計算**——建立共識機制，並使礦工獲得報酬。其原理是集合網路上的所有電腦，參與運算競賽同時並行挖礦；贏家只有一個，即憑藉其電腦的計算能力，第一個完成新交易區塊驗證的礦工。

比特幣的支持者表示，這是為擁有一個開放、安全且運作良好的系統所必須付出的代價。但考慮到嚴重的氣候變遷，這聽起來合理嗎？資訊專家暨數學家尚・保羅・德拉哈耶（Jean-Paul Delahaye）於二〇二二年二月，在法國科學研究中心網站上發表的文章寫道：「在網路上進行交易的耗電量，和運算競賽的耗電量相比，已逐漸變得微不足道。據估，兩者之間的比例至少為一：一〇〇〇。」[9]

好消息是，這種驗證方法，即所謂的「工作量證明」（proof of work），可能有其他替代辦法。因此，目前仍然使用相同協議的以太坊（Ethereum），即第二大加密貨幣，多年來一直承諾要換成另一種稱為「權益證明」（proof of stake）的協

8 作者按：馬斯克推文中的劍橋比特幣電力消耗指數圖表：https://bit.ly/3vM5dBL。
9 作者按：請參閱：https://bit.ly/3FlkQ6j。

議，該協議的能源消耗量較低。

這個概念是要從一個所有礦工同時挖礦的系統，轉換到另一個組織，在該組織中驗證人將被隨機抽出。這個期待已久的轉換，對整個加密行業具有相當大的實驗價值。

比特幣的能源消耗問題會是致命弱點嗎？當我們看到比特幣的規模時，簡直令人難以置信。在前述畢馬威的研究中，二〇二一年十一月流通的加密貨幣總市值超過二．五萬億歐元：「幾乎是二〇二一年初的四倍，二〇二〇年一月的十五倍。相較之下，世界上最有價值的資產：黃金，市值約十萬億歐元。」

二〇二一年十一月，比特幣市值達到六萬歐元，再次突破紀錄。而最具里程碑意義的是在二〇二一年，比特幣首次被國家採用作為法定貨幣，這個國家就是位於中美洲的薩爾瓦多（Salvador）。

比特幣的支持者還解釋，**加密貨幣可以用來調節目前再生能源產生的無效電力**——因為風力發電機只有在有風時才會轉動，而太陽能電池板也必須陽光充足才會運作。

斯塔琴科說明：「目前再生能源供應還不穩定。因為貯存仍然非常複雜和昂貴，所以它們產生的能源經常沒有被使用或流失。更準確的說，在安裝再生能源產能設備時，規畫生產的電力必須高於預定需求。這種機制固定造成了某些產能未被充分利用，甚至流失，我們可以**將其用以提供比特幣網路電力並賺取利潤。**」以特斯拉製造太陽能板的馬斯克尚未推動這一想法，令人頗感意外。

現在馬斯克熱衷的是為另一個加密貨幣：狗狗幣（Dogecoin）[10]打廣告。雖然最初只是個噱頭，但馬斯克仍然為它特別發布了多條推文，讓它的曝光率大增。

二〇二一年二月四日，他說：「狗狗幣是屬於人民的加密貨幣。」二〇二二年一月十四日，馬斯克宣布特斯拉將接受狗狗幣購買……這次不是汽車，而是其他銷售商品。

據《財星》（*Fortune*）雜誌報導[11]，這項宣布使狗狗幣的價格上漲一一%。二〇二二年一月二十五日，馬斯克更進一步提出「如果麥當勞接受狗狗幣，我就在電

10 編按：最初創始人希望實現一種比比特幣更容易獲得、更實用、更有趣的加密貨幣；後開啟了「迷因幣」熱潮，大量模仿幣種陸續出現。

11 作者按：https://fortune.com/crypto/2022/01/14/dogecoin-price-elon-musk-tesla-accepting-doge-merchandise/。

視上吃快樂兒童餐。」雖然有人對這個玩笑一笑置之，但其他人並不這麼認為，**他們害怕市場被操縱**。

在推特上，一位用戶寫道：「對於馬斯克故意讓加密貨幣市場惡化，竟然沒有更多的人感到憤怒，這一事實令人震驚。請停止崇拜他！」他的訊息還加上了標籤聲明（#Fuckmusk）。這個想法起了擴散效應：為了抨擊馬斯克對數位金融世界的影響，市場出現了一種加密貨幣，取名為……FuckElon。[12]

12 作者按：還有另一種名為 StopElon 的加密貨幣。

致謝

「煩死了，世界變得如此焦躁不安，就連在描繪它時也不能保持安靜不動。」這句話引用自法國科幻作家克里斯多夫・米勒（Christopher Miller）的《硬紙板宇宙》（*L'Univers de carton*）。

《硬紙板宇宙》一書是向所有科幻小說，以及美國科幻小說作家菲利普・狄克（Philip K. Dick）致敬的有趣作品，在此借用是因為它相當契合我的主題。

馬斯克沒有一天是安靜的，而這本書的最大挑戰並不是把他引起的騷動一一記錄下來，而是記述其投資領域的各種科學、技術和倫理問題。也就是我們在新聞界所說的「角度」。

我必須感謝我的編輯伊麗莎白・菲塞拉（Elisabeth Fisera），以及陪同她製作「艾利西奧」（Alisio）科學叢書系列的記者安托萬・博尚（Antoine Beauchamp），從我們第一次交流時就清楚闡明本書採取的角度。我為此感謝他們，也感謝他們讓我有機會加入這個精美的叢書系列。

我也非常感謝奧利維亞・格爾曼德（Olivia Germande），她是我的第一個讀者（及校對），她仔細讀了初稿、指出疏漏之處。我們不斷交換意見，就像在打乒乓球，對話來回撞擊，激出的火花讓我們一起不斷修改補正，以保持溫布頓式的象徵精神（但在溫布頓人們好像不打乒乓球？）。

我還要感謝米蓮娜・加洛特（Milena Gallot），以及卡洛琳・奧布林格（Caroline Obringer）和柯蘭丁・佩贊（Corentin Pezin），沒有他們的努力，這本書不可能受到大眾熱烈關注。

當然，還有花費寶貴時間回覆我問題的所有人，沒有他們，我不可能完成這本書，由衷的感謝：

伊芮・朗格勒，古斯塔夫・艾菲爾大學當代文學教授；弗蘭克・賽勒西斯，法國科學研究中心波爾多天文物理學實驗室研究主任；赫維・克勞斯特，法國科學研究中心「濱海自由城海洋學實驗室」研究主任；法布里斯・莫特茲，法國科學研究中心巴黎天文臺研究主任；尚・巴蒂斯特・馬凱特，法國科學研究中心波爾多天文物理實驗室。

阿爾班・古約馬赫，太空法律專家；法蘭西斯・羅卡爾，法國太空研究中心太陽系探索計畫負責人；米歇爾・維索，法國太空研究中心外星生物學部門前負責人；克里斯托夫・博納爾，法國太空研究中心運載火箭專家；穆斯塔法・梅夫塔，太空觀測站大氣實驗室日地交互作用（interactions Terre-Soleil）專家；雅尼克・布托市議員；弗朗索瓦・富蓋特，法國科學研究中心研究主任；菲利浦・克萊蒙，火星協會會長；理查・海德曼，前火星協會會長；威廉・加尼耶，平方公里陣列天文臺策略傳播主任；保羅・沃爾，法國戰略研究基金會太空安全、創新和高科技問題專家；馬莉昂・伯尼尚和弗朗索瓦・維內，參與火星沙漠研究站的模擬火星任務。

馬修・貝拉德，航空暨太空博物館文化與科學交流負責人；薩利姆・希馬，法國機電特殊大學工程學院，電動暨自動駕駛汽車負責人；菲利浦・查恩，維科爾聯合創辦人；穆罕默德・謝里夫・拉哈爾和洛朗・德維爾，無碳通訊車輛暨移動裝置研究所「橫向領域暨自動駕駛與互聯汽車事務」總監、「移動」計畫專案經理。

克勞德・基什內爾，法國數位倫理駕駛委員會主任；凱瑟琳・泰西爾，法國航空太空探索暨研究處，科研誠信暨研究倫理協調研究員；菲利普・梅內，昂熱大學醫院中心部門主任、神經外科教授；阿斯特里德・紀堯姆，法國動物符號學協會會長暨創始人；阿涅斯・羅比－布拉米法國健康與醫學研究院名譽研究主任；艾力克・伯吉耶，法國腦研究所「重複行為的神經生理學」團隊負責人；艾力克斯・科倫，法國工藝學院經濟金融銀行保險系主任；亞歷山大・斯塔琴科，法國畢馬威公司區塊鏈暨加密貨幣主管；以及公司的聯合創始人及總裁塞巴斯帝安・讓得隆。

在科學與工業，甚至政治的交匯處，要涉入馬斯克的領域，有時需要一定程度的謹慎小心。還有，有些人以匿名方式與我談話，既是匿名，顧名思義，書中不會出現這些人物，但我也毫不隱藏對他們的感激之情。

另外，還要感謝那些幫助我釐清本書主題的人，特別是克里斯托夫・普拉祖克（Christophe Prazuck）、皮耶・安提洛格斯、凱瑟琳・塞薩爾斯基（Catherine Cesarsky）、艾曼紐・德・庫登霍夫（Emmanuelle de Coudenhove）、馬里恩・瓦爾齊（Marion Valzy）、朱麗葉・杜奧（Juliette Duault）、尚－加布里埃爾・帕利（Jean-Gabriel Parly）、法布里斯・尼古特（Fabrice Nicot）、馬修・諾瓦克（Mathieu Nowak）、伯納黛特・阿諾（Bernadette Arnaud）、拉斐爾・薩特（Raphaël Sart）、皮耶・奧馬利、克里斯托夫・佩拉斯（Christophe Peyras）、丹尼斯・庫特羅（Denis Coutrot）、西爾維・魯阿特和尼古拉斯・恩戈（Nicolas Ngo）。

致謝

其實我想寫一本關於馬斯克的書已有一段時間了。這個想法最初是在和記者朋友拜諾斯特・西馬特（Benoist Simmat）、阿諾・德維爾德（Arnaud Devillard）和尼古拉斯・古鐵雷斯聊到馬斯克時開始醞釀，然後逐漸成形。當時與馬加利・瑪多勒（Magalie Madaule）的談話也很寶貴。非常感謝他們。

正如我在書中提過，由於擔任記者工作和《科學與未來》數位版主編，使我能夠在新聞前線看到馬斯克現象的竄升。《科學與未來》月刊堅決進行數位化轉型，設立每日更新的網站，由編輯部的幾位記者負責管理（這個網站在第一次封城高峰期的月訪問量，超過一千八百萬）。我要感謝編輯部主管卡羅爾・查特蘭（Carole Chatelain）、多明尼克・萊格魯（Dominique Leglu）和出版部主管克勞德・佩德里爾（Claude Perdriel）的信任，也要向全體記者團隊表達我最友好的致意。

在個人方面，我要感謝我的妻子伊麗莎白（Elisabeth）與我的孩子們：路易絲（Louise）、嘉布麗葉兒（Gabrielle）和馬克西米連（Maximilien），這本書是獻給他們的，我說了好多馬斯克的故事給他們聽！我還要感謝安妮（Annie）和理查（Richard）一直以來的支持。

最後是我的父母親丹尼斯（Denis）和安・瑪麗（Anne Marie），幾年前他們都去世了。我的父親是一名建築師和工程師，而且相當有藝術家性格，他發明出一種卡尺，還註冊專利。我相信馬斯克的創新發想會讓他感興趣的。也許是因為我已經不能和他當面聊了，於是，我寫了這本書。

國家圖書館出版品預行編目（CIP）資料

馬斯克，挑戰科學的男人：全自動駕駛、超迴路列車、腦機介面、殖民火星……科學家眼中哪些「馬斯克現象」會成真？其結果是？／奧利維耶．拉斯卡（Olivier Lascar）著；黃明玲譯.-- 初版.-- 臺北市：大是文化有限公司，2023.05
288面；14.8×21公分
譯自：Enquête sur Elon Musk, l'homme qui défie la science
ISBN 978-626-7251-37-9（平裝）

1. CST：創新　2. CST：科學　3. CST：通俗作品

494.1　　112000469

Biz 422

馬斯克，挑戰科學的男人

全自動駕駛、超迴路列車、腦機介面、殖民火星……
科學家眼中哪些「馬斯克現象」會成真？其結果是？

作　　者／奧利維耶．拉斯卡（Olivier Lascar）
譯　　者／黃明玲
責任編輯／張祐唐
校對編輯／李芊芊
美術編輯／林彥君
副總編輯／顏惠君
總 編 輯／吳依瑋
發 行 人／徐仲秋
會計助理／李秀娟
會　　計／許鳳雪
版權主任／劉宗德
版權經理／郝麗珍
行銷企劃／徐千晴
行銷業務／李秀蕙
業務專員／馬絮盈、留婉茹
業務經理／林裕安
總 經 理／陳絜吾

出 版 者／大是文化有限公司
臺北市 100 衡陽路7號8樓
編輯部電話：（02）23757911
購書相關諮詢請洽：（02）23757911 分機122
24小時讀者服務傳真：（02）23756999
讀者服務E-mail：dscsms28@gmail.com
郵政劃撥帳號：19983366　　戶名：大是文化有限公司
法律顧問／永然聯合法律事務所
香港發行／豐達出版發行有限公司Rich Publishing & Distribution Ltd
香港柴灣永泰道70號柴灣工業城第2期1805室
Unit 1805, Ph.2, Chai Wan Ind City, 70 Wing Tai Rd, Chai Wan, Hong Kong
Tel：2172-6513　Fax：2172-4355　E-mail：cary@subseasy.com.hk

封面設計／林雯瑛
內頁排版／陳相蓉
印　　刷／鴻霖印刷傳媒股份有限公司
出版日期／2023年5月初版
定　　價／460元（缺頁或裝訂錯誤的書，請寄回更換）
I S B N／978-626-7251-37-9
電子書I S B N／9786267251393（PDF）
9786267251409（EPUB）
Printed in Taiwan